四季童装裁剪与缝纫

适合身高 100~120cm
的男孩、女孩
日常便装
四季皆宜

〔日〕野木阳子　著
史海媛　韩慧英　译

河南科学技术出版社
·郑州·

Spring 春装

Autumn 秋装

Summer 夏装

Winter 冬装

Spring

春装

学生手袋

尺寸稍大的学生手袋，用结实的帆布制作而成。

用自己喜欢的羊毛毡立体徽章作为装饰，再适合不过了。

----- 制作方法参照 p.43

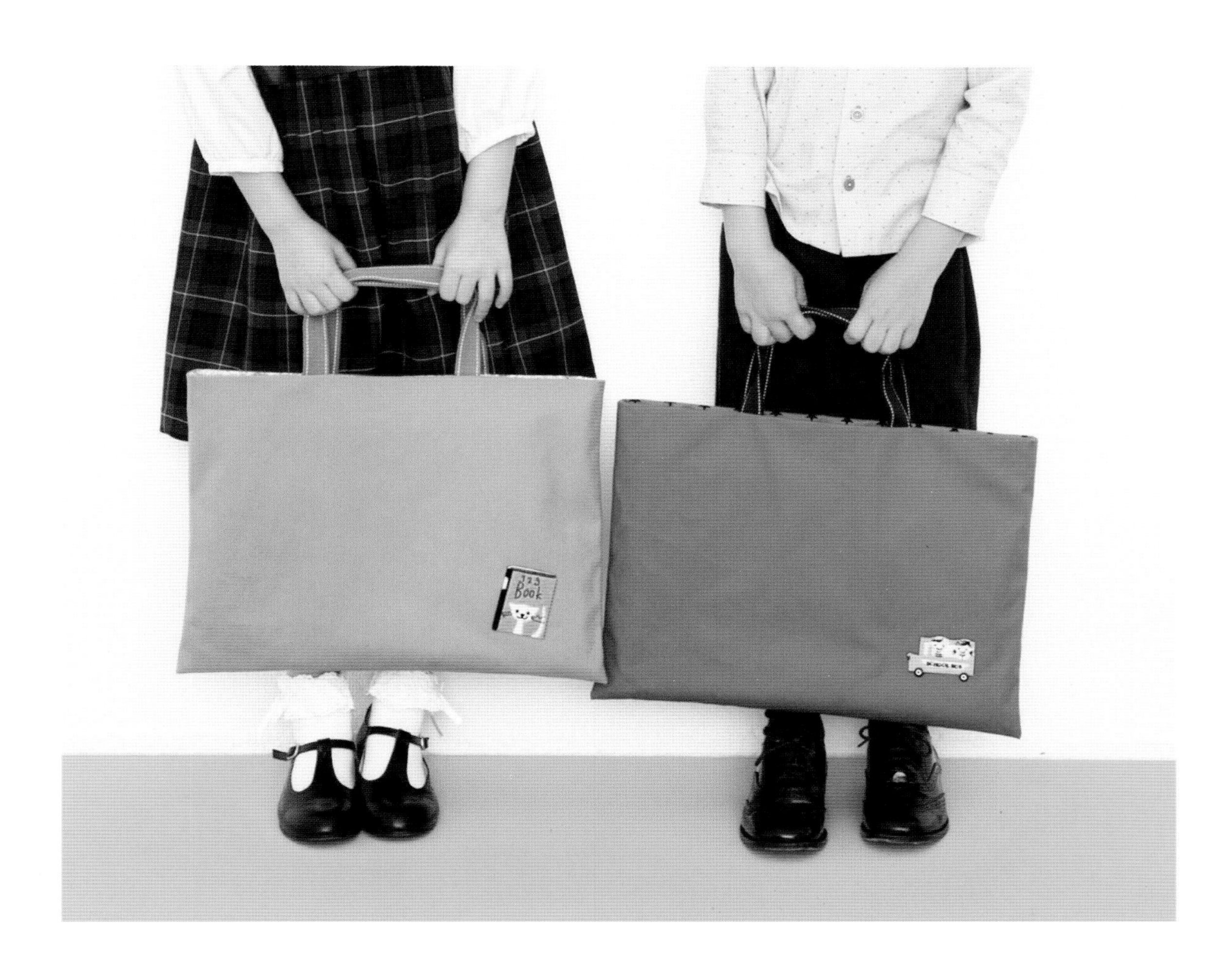

七分袖圆领短上衣 ＋ 格子拼接连衣裙

土耳其袖的波莱罗短上衣无须拼接衣袖，制作极为简单。

搭配连衣裙，更显学生范。

模特 118cm ----- 制作方法 七分袖圆领短上衣参照 p.38、格子拼接连衣裙参照 p.40

Spring

西装马甲 ＋ 帅气衬衣 ＋
蝴蝶结领结 ＋ 西装短裤

用同一种布料制作西装马甲和短裤，是一套很适合春天穿的套装。
搭配蝴蝶结的轻质领结，秒变小绅士。

模特 116cm ----- 制作方法 西装马甲参照 p.44、帅气衬衣参照 p.46、蝴蝶结领结参照 p.48、西装短裤参照 p.50

Spring

格子拼接连衣裙

这款拼接连衣裙腰部拼接部位用丝带点缀。

如果裙片部分采用时尚的印花图案，就变成了一款休闲风连衣裙。

模特 118cm ----- 制作方法参照 p.40

Spring

帅气衬衣 + 西装短裤

简单款式的衬衣可以搭配任何裤装。

总是穿 T 恤的男孩，一穿上衬衣，瞬间便多了几分小大人的气质。

模特 116cm ----- 制作方法 帅气衬衣参照 p.46、西装短裤参照 p.50

Spring

可爱罩衣 ＋ 蓬松灯笼裙

亲肤舒适的双纱罩衣，是简单的插肩袖设计。

灯笼裙的设计使人联想到春天盛开的花朵。

模特 107cm ----- 制作方法 可爱罩衣参照 p.52、蓬松灯笼裙参照 p.54

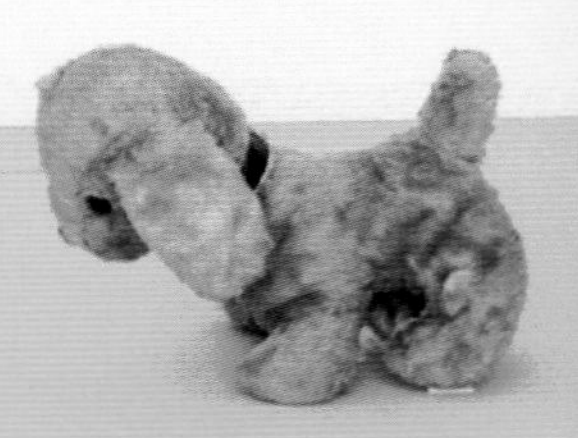

Spring

格纹拼布长袖 T 恤 ＋ 休闲裤

使用喜欢的小布块制作肩部的拼布，还有防止松弛的效果。
休闲裤建议使用斜纹布或牛仔布等结实的布料制作。

模特 108cm ----- 制作方法 格纹拼布长袖 T 恤参照 p.49、休闲裤参照 p.56

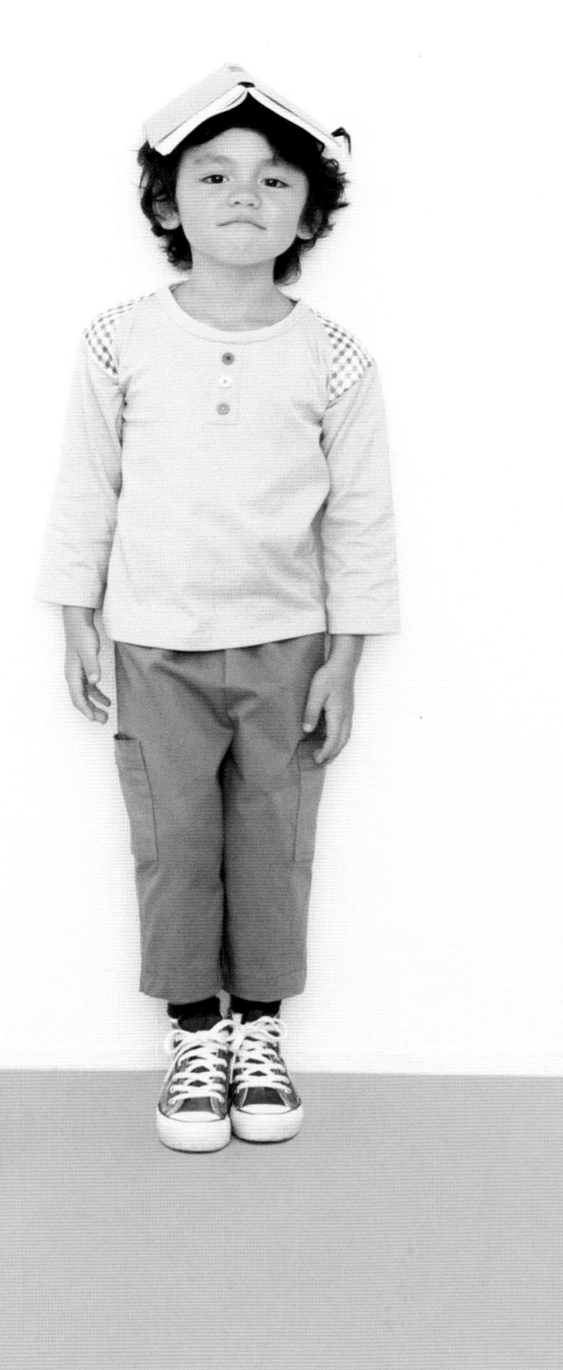

Summer

夏装

Summer

猫耳朵浴袍

能够紧紧包裹住头部的猫耳朵浴袍采用毛巾材质，吸水性超强。
适合沐浴或游泳后穿着。

模特 108cm ----- 制作方法参照 p.62

Summer

哈伦裤

仅直线缝合即可，适合缝纫初学者。

如果用针织布制作，更方便运动。

模特 108cm ----- 制作方法参照 p.64

Summer

条纹连衣裙

对条纹布进行裁剪，将裁剪后的横、竖及
斜裁的条纹布组合在一起，
条纹连衣裙就做好了。
选择喜欢的条纹布，试着制作吧！

模特 107cm －－－－－ 制作方法参照 p.65

Summer

两穿 V 领上衣 + 格子短裤

用两片轻薄针织布缝制而成的上衣，缝份无须处理。

搭配格子短裤，在夏季可以多准备几件。

模特 111cm ----- 制作方法 两穿 V 领上衣参照 p.59、格子短裤参照 p.60

Summer

格纹背心裙 ＋ 午餐袋

背心裙可单穿，也可搭配叠穿。

袋子使用防水布，最适合用作午餐袋。

模特 118cm　----- 制作方法 格纹背心裙参照 p.68、午餐袋参照 p.70

Summer

条纹 T 恤

用常用的条纹棉布制作的基本款 T 恤。

除了领子以外均为直线缝制，因制作简单，可以轻松完成。

模特 108cm　----- 制作方法参照 p.72

Summer

荷叶袖 T 恤

T 恤的袖口缝上荷叶边，女孩穿起来会更显甜美可爱。

使用裁剪后不会绽线的针织布才能表现出其独特风格。

模特 107cm　----- 制作方法参照 p.80

Summer

荷叶边罩衣

连肩袖罩衣，亮点是腰围下的荷叶边。
再加上蝴蝶结，少女气质倍增。

模特 118cm ----- 制作方法参照 p.74

Summer

两穿 V 领上衣

和 p.16 是同一件上衣，只是将反面穿到正面。
是一件能当两件穿的上衣，很特别吧。

模特 111cm ----- 制作方法参照 p.59

Summer

背后带蝴蝶结连衣裙

身片是穿着舒适的针织材质，裙片选择适合夏季的花纹。
后颈部加上大蝴蝶结，穿起来就像可爱的小天使。

模特 115cm　----- 制作方法参照 p.76

Summer

牛仔裙裤

只需裁剪两片的简单裙裤，无侧缝缝合，

搭配一条带有印花图案的腰带，可以增加美感。

模特 118cm ----- 制作方法参照 p.78

Autumn

秋装

Autumn

防风连帽外套

轻便且保暖性能好的尼龙材质，最适合制作防寒外套。

无论在季节更替之际还是雨季，都能派上用场。

模特（上）111cm、（下）115cm ----- 制作方法参照 p.86

Autumn

防风连帽外套 ＋ 星星针织裤

搭配连帽外套的针织裤，制作方法也很简单。

裤脚可加上花边，也可搭配短裙穿。

模特 115cm ----- 制作方法 防风连帽外套参照 p.86、星星针织裤参照 p.83

Autumn

防风连帽外套 + 运动裤

运动裤最适合孩子们穿着，

搭配连帽外套，很休闲，也很适合户外运动。

模特 111cm -----制作方法 防风连帽外套参照 p.86，运动裤参照 p.84

Autumn

糖果色卫衣

基础款的卫衣，也可搭配短裙。

鲜艳的颜色，最适合活泼的孩子。

模特 115cm ----- 制作方法参照 p.90

Autumn

带贴布的插肩袖 T 恤

两种色调搭配的 T 恤，穿起来帅气十足。
胸前的贴布也可替换成自己喜欢的图案。

模特 108cm ----- 制作方法参照 p.88

Winter

冬装

Winter

毛领披肩

毛领可拆卸下来单独做围巾或围脖使用，

披肩也可做盖毯使用。

模特 115cm ----- 制作方法参照 p.92

Winter

摇粒绒背心

紧紧包裹身体的背心，最适合好动的孩子。

轻柔且保暖的摇粒绒，在冬季是不可或缺的。

模特 111cm ----- 制作方法参照 p.93

Winter

小碎花衬衣 + 绗缝保暖短裙

荷叶边领和袖口的抽褶，突显了小碎花衬衣的精美。

简单的短裙建议使用特别布料。

模特 107cm ----- 制作方法 小碎花衬衣参照 p.95、绗缝保暖短裙参照 p.96

Winter

基础款开衫 ＋ 灯芯绒裤

同身片一体的土耳其袖，方便叠穿。

笔直裁剪的裤装，可调整为自己喜欢的长度。

模特 116cm ----- 制作方法 基础款开衫参照 p.100、灯芯绒裤参照 p.101

Winter

前系扣公主裙

派对、宴会、发布会等任何场合都能派上用场的公主裙。

因为是五分袖，如果用亚麻布或棉布制作，还能在春、夏季穿着。

模特 118cm ----- 制作方法参照 p.98

〈布料的种类〉

以下介绍的是本书作品使用的主要布料。因为童装是以活动方便和穿着舒适为首位，再搭配精心设计的款式，选择合适的布料来制作吧。

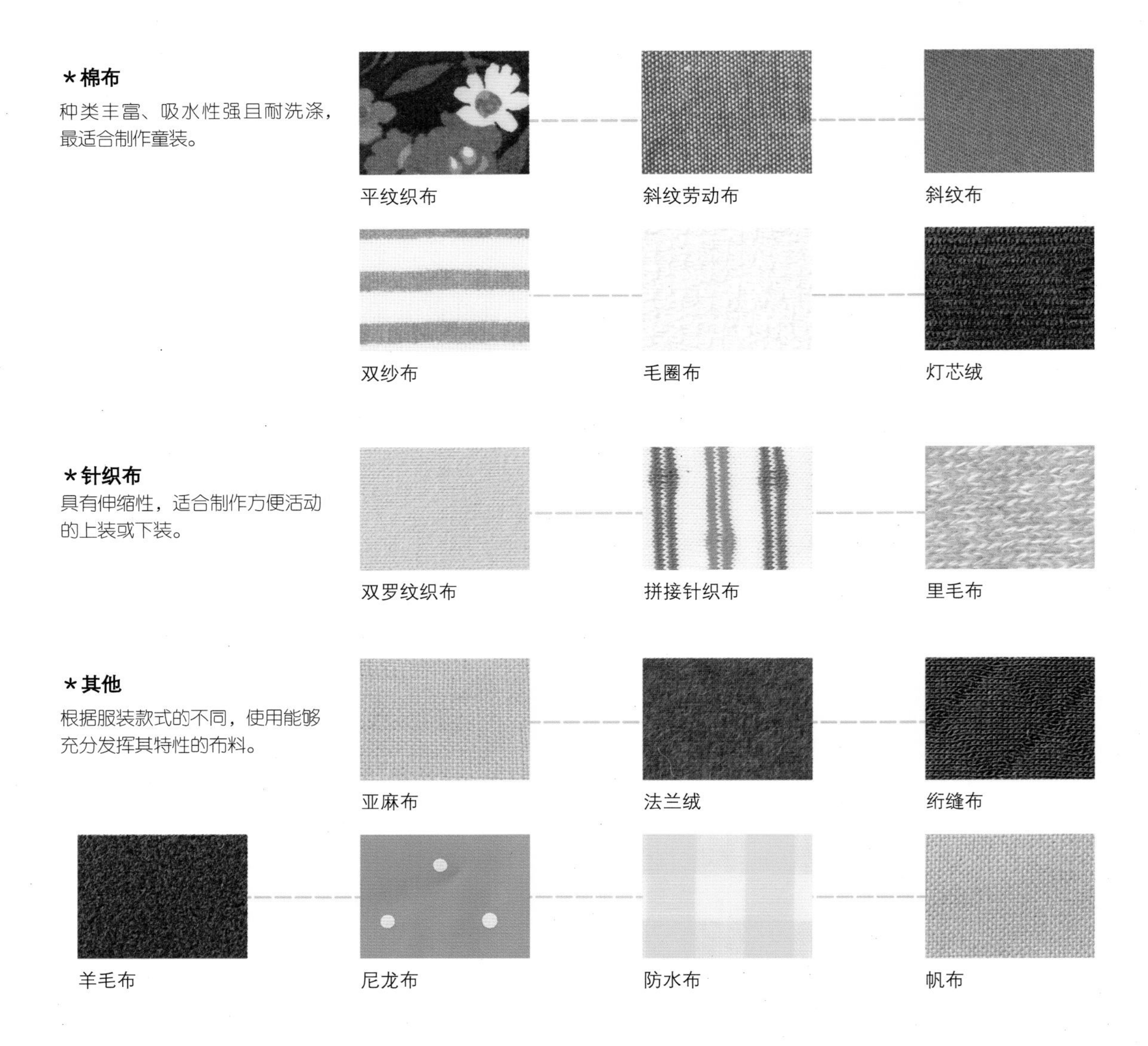

〈机缝线和机缝针的种类及选用〉

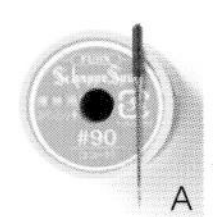

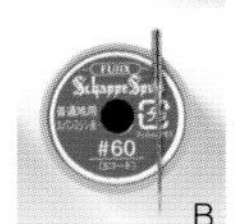

根据布料的材质及厚度，选择合适的机缝线和机缝针。机缝线的编号越大则越细，机缝针的编号越大则越粗。

A 机缝线 90 号、机缝针 9 号…用于缝制平纹织布等轻薄的布料。线为涤纶材质。

B 机缝线 60 号、机缝针 11 号…用于缝制棉布、亚麻布、尼龙布等布料。线为涤纶材质。

C 针织布专用机缝线 50 号、针织布用机缝针…用于缝制针织布等具有伸缩性的布料。平针织布等薄布料使用 11 号针，里毛布等中厚布料使用 14 号针。线为尼龙材质。

〈布料的整理〉

将布料过一遍水使其收缩，并调整布纹的方向。现在，大多数布料已不需要这样的处理。但是，亚麻布等缩水性较强的布料仍然需要事先处理。对齐布料的纬线裁剪，在水中浸泡 1~2 小时，布料展开使布纹呈直角，调整布纹。阴干之后，在半干的状态下用熨斗熨烫。

〈缝纫的基础〉 直线裁剪的缝制基础。

*直线裁剪布料

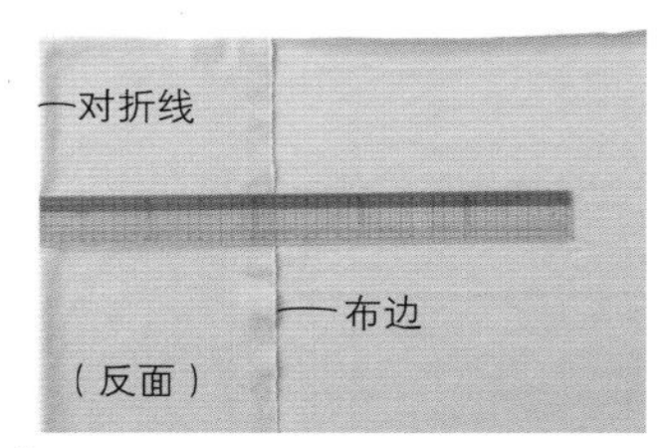

1

对照"裁剪图"，从布边开始量取所需尺寸，然后正面相对对半折叠。对半折叠时，对齐各布边。

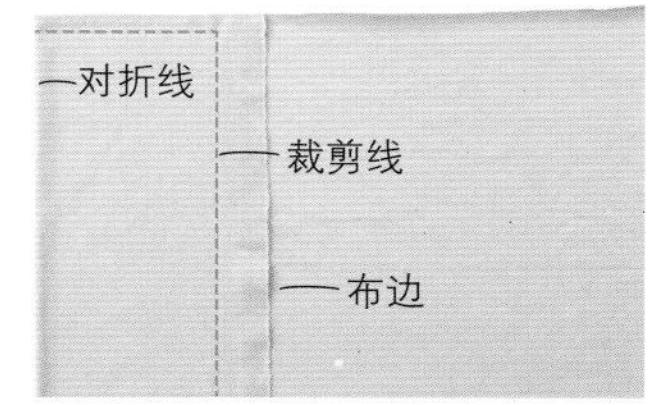

2

折边部分为裁剪图的"对折线"。按照指定的尺寸，使用画粉笔，沿着四边画线。

3

尺寸中包含缝份，按照画出的线裁剪。

*弯曲部分对齐纸型裁剪

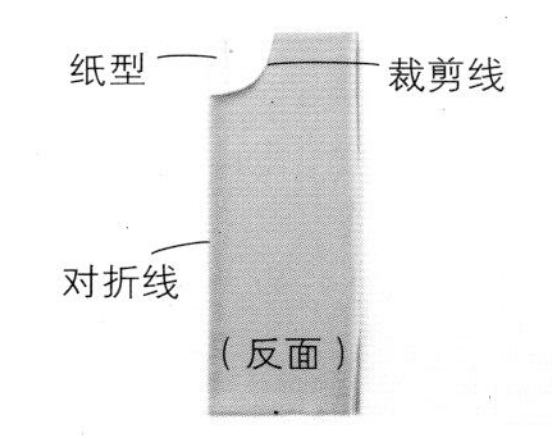

1

纸型放置于布料反面，用珠针固定。沿着纸型的边缘，用画粉笔画线。

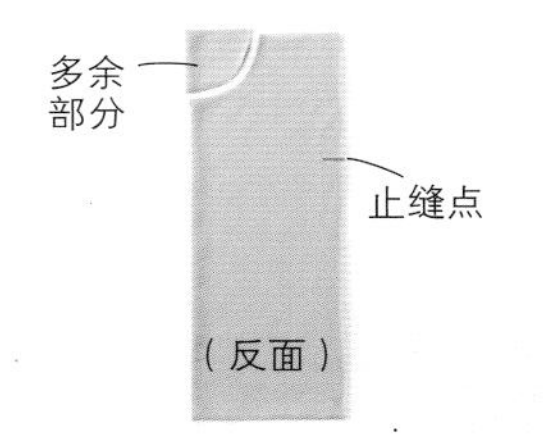

2

沿着画线裁剪。接着，在布料的反面（根据要求是正面）加上止缝点或侧缝等的对齐记号。

作品的领口或胯裆等有弯曲的部分，使用纸型。如左侧所示，对齐纸型，裁剪掉多余的部分。贴边等的纸型对齐大纸型，使用裁下来的部分。制作时，分别确认"裁剪图"和"提示"。

*机缝制作

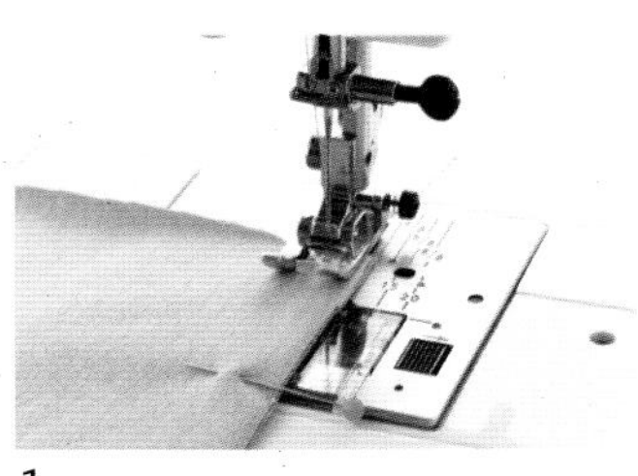

1

因为没有画出成品线，缝制时利用机缝针板刻度。布边对齐针板标尺的缝份尺寸（此处为1cm），放下压角。

2

为了避免布端偏离针板刻度的线，缝制时需仔细。

* 缝直线

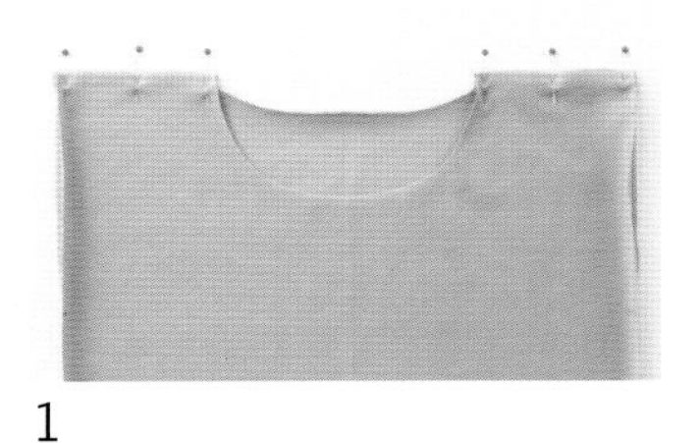

1
对齐布边，从布边开始，由左右边角至中央的顺序固定珠针。

2
为了防止布边的线绽开，必须回缝之后再开始缝制。终点也先回缝再剪线。

* 向反面折并缝制

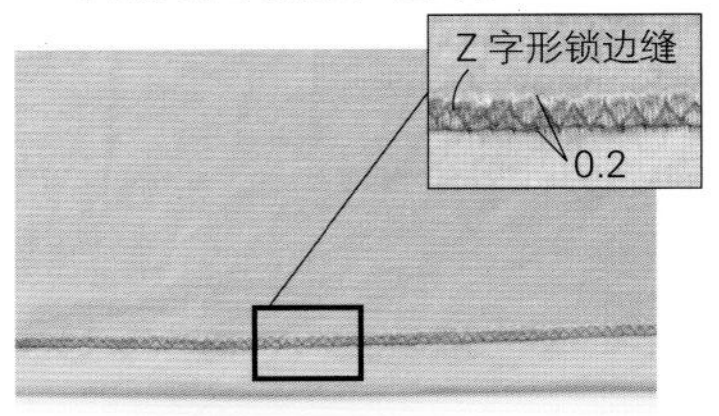

下摆及袖口等将缝份向反面折并缝制时，折入指定尺寸，距布边0.2cm处缝合。折两次时同样，距折边0.2cm处缝合。

* 缝制领口

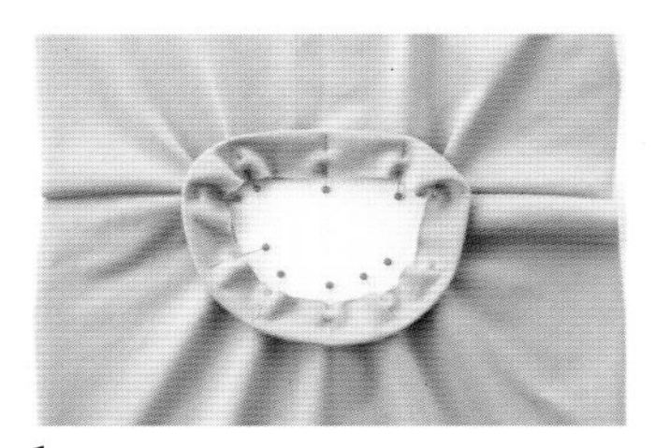

1
对齐缝制部分的布边，对齐各连接侧、拼接侧和对齐记号，用珠针固定，中间再用珠针固定几处。

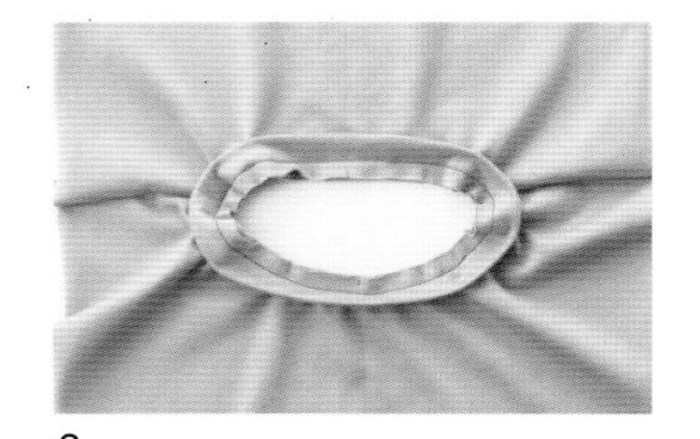

2
开始回针缝缝制，缝完整圈之后，缝制终点重合于缝制起点的针脚之后，断线。

* 抽出装饰褶

将机缝针针脚变大（0.4cm左右），单线缝制中央，从面线或底线中随意抽一根，收缩至指定尺寸。

* 缝制袖下和侧缝

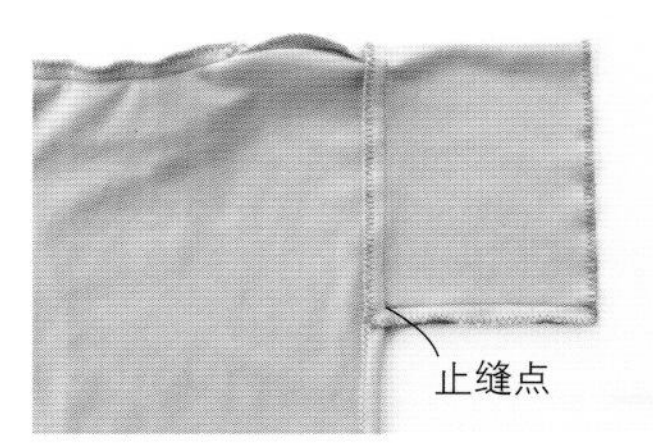

1
先缝合袖下。袖窿的缝份压向身片侧，缝到止缝点。

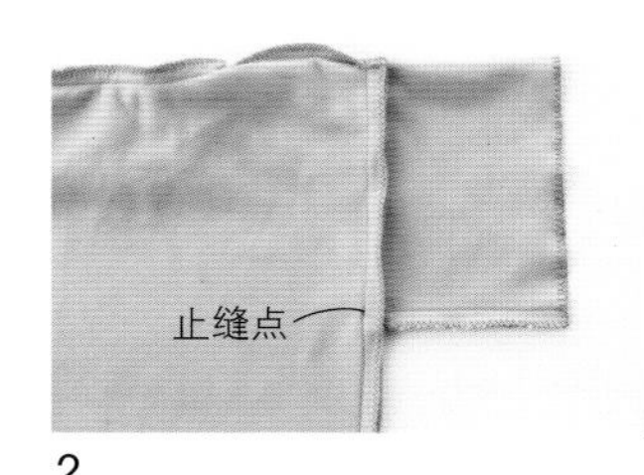

2
缝合侧缝。袖窿的缝份压向袖侧，缝到止缝点。

* 抽褶

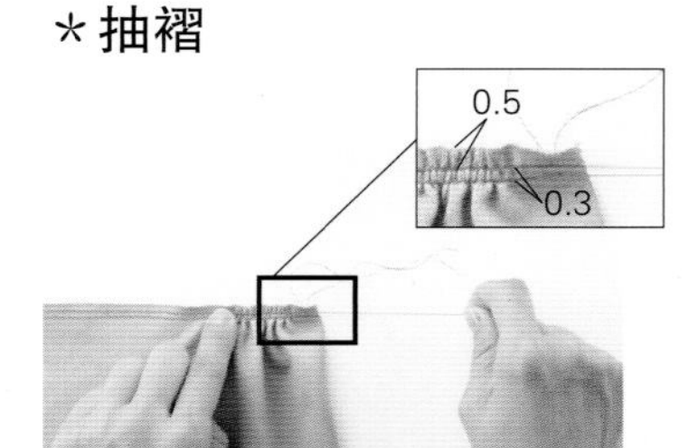

布边用2根线大针脚机缝。从面线或底线中随意抽一根，收缩至指定尺寸。

※制作图中未标明单位的尺寸均以厘米（cm）为单位。

Enjoy Sewing!

开始制作！

裁剪出四边形的布，简单拼接缝合即成！
没有复杂的技法，所以初学者也能轻松上手。

＊本书中，对应身高 100cm、110cm、120cm 的尺码。
以下是本书中的各位小模特。

〈尺寸的选择方法〉

本书中的作品适合身高100~120cm的孩子。各尺寸的大小以下表为基础。测量孩子的身高，选择合适的尺寸。衬衣、连衣裙、裤子的长度对应孩子的尺寸进行调整。

参考尺寸 ＊单位：cm

身高	100	110	120
胸围	54	58	62
腰围	51	53	55
臀围	57	61	65

尺寸测量的方法

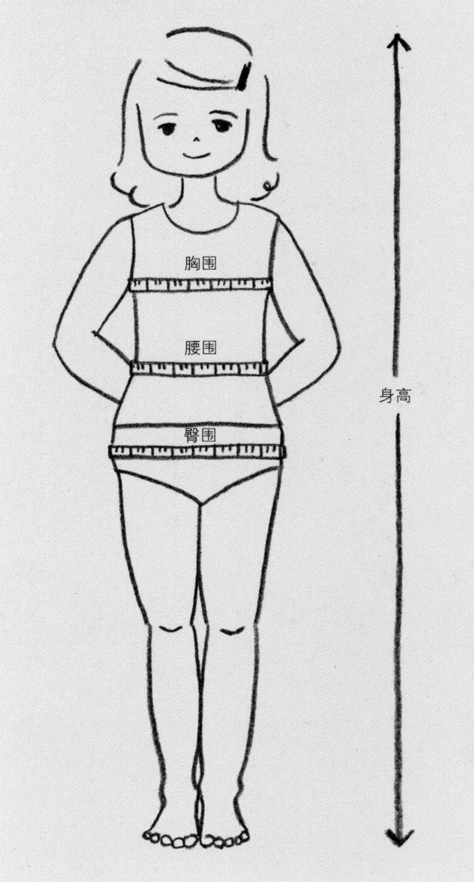

p. 6

七分袖圆领短上衣

●材料

使用布（牛津布） 150cm×70cm

黏合衬 35cm×30cm

●制作方法 ※单位：cm。

1 ①前身片的贴边一端做Z字形锁边缝。
 ②左、右前身片和后身片正面相对对齐，缝合肩部至袖上。
 ③2片缝份一起做Z字形锁边缝。
2 ①前贴边和后贴边正面相对对齐，缝合肩部，分开缝份。
 ②展开，剪掉多出的部分，四周做Z字形锁边缝。
 ③左、右前身片的贴边部分分别向反面折。
 ④前、后贴边正面相对对齐，缝于前、后身片的领口处。
 ⑤弯曲部分的缝份剪牙口。
 ⑥缝合左、右前身片的贴边部分的下侧。
 ⑦剪掉⑥的缝份。
 ⑧前、后贴边折回于前、后身片的反面，左、右前身片的贴边部分翻到正面，调整形状。
3 ①前、后身片正面相对对齐，缝合袖下至侧缝。
 ②步骤①的2片缝份一起做Z字形锁边缝。
4 袖口向反面折两次缝合。
5 ①下摆向反面折两次缝合。
 ②用卷针缝缝左、右身片的贴边。
 ③领口的贴边用卷针缝缝于身片的肩部。

〈裁剪图〉

※单位：cm。
※数字为身高100/110/120cm。
※前贴边使用纸型（p.57），后贴边使用通用纸型B（p.57）。
※ ▭ 部分在反面贴黏合衬。

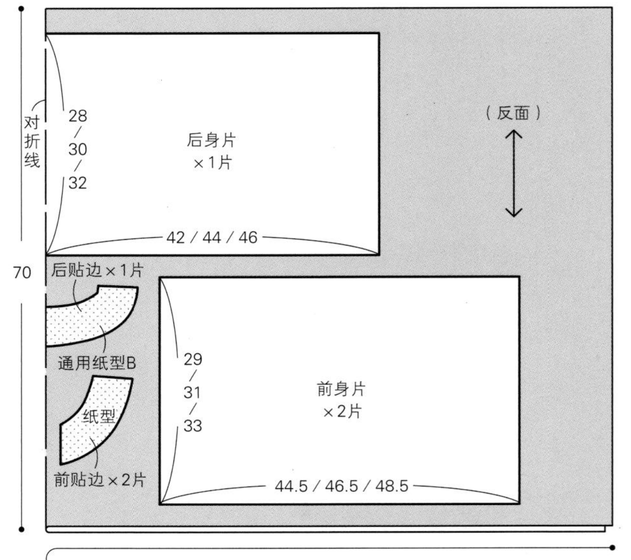

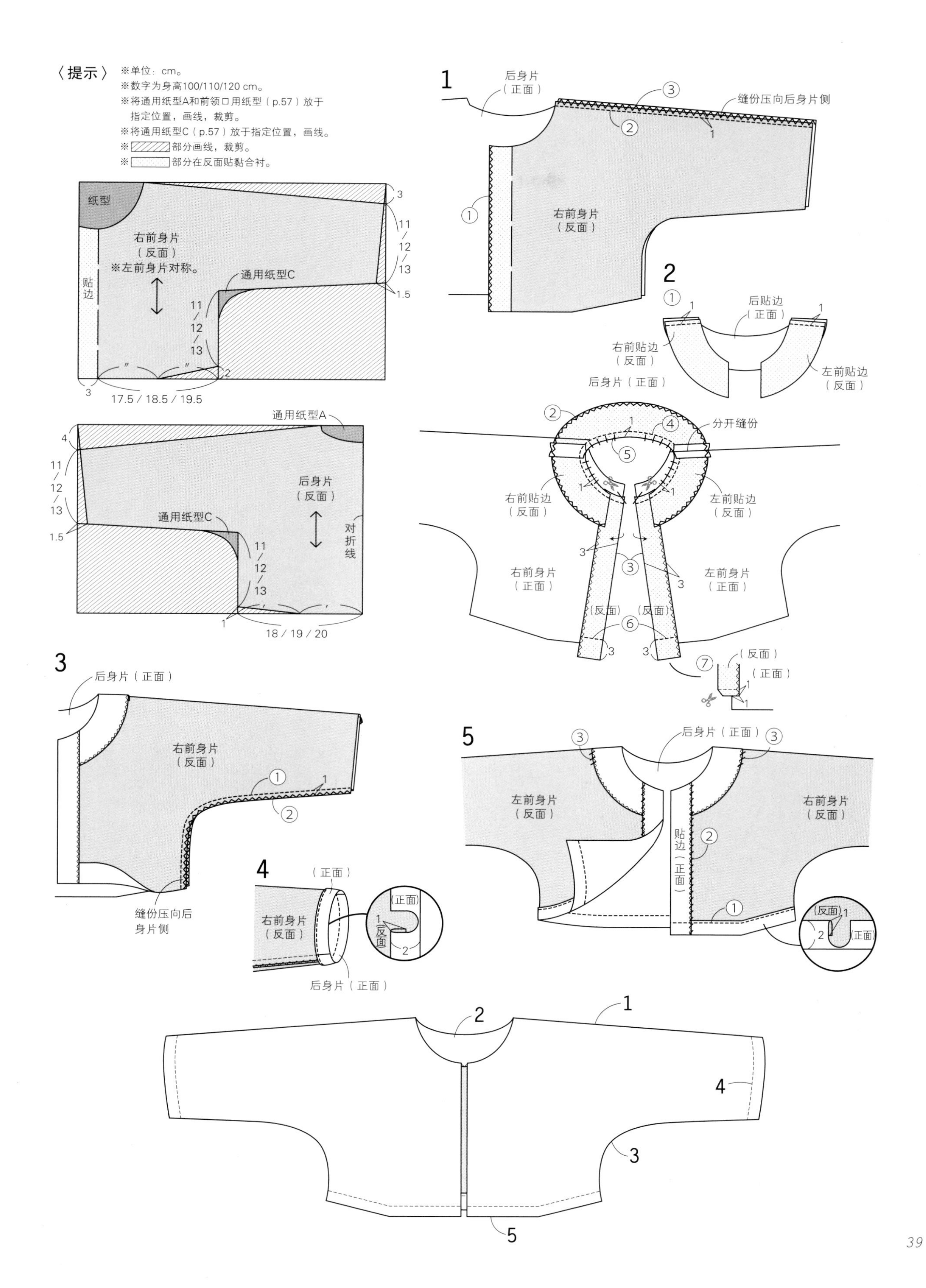
〈提示〉
※单位：cm。
※数字为身高100/110/120 cm。
※将通用纸型A和前领口用纸型（p.57）放于指定位置，画线，裁剪。
※将通用纸型C（p.57）放于指定位置，画线。
※ 部分画线，裁剪。
※ 部分在反面贴黏合衬。
纸型
右前身片
（反面）
※左前身片对称。
贴边
通用纸型C
11/12/13
3
1.5
2
17.5 / 18.5 / 19.5
通用纸型A
4
后身片
（反面）
对折线
18 / 19 / 20
1
后身片
（正面）
缝份压向后身片侧
右前身片
（反面）
2
后贴边
（正面）
右前贴边
（反面）
左前贴边
（反面）
后身片（正面）
分开缝份
左前身片
（正面）
右前身片
（正面）
（反面）
3
缝份压向后身片侧
4
左前身片
（反面）
贴边（正面）
5

p. 6、8

格子拼接连衣裙

●**材料**

使用布　身片（棉府绸）　110cm×60cm

　　　　裙片（苏格兰格子呢）　140cm×50cm

黏合衬　35cm×30cm

缎带　2.5cm宽　100/78cm、110/82cm、

　　120/86cm

纽扣（花形）　直径1.5cm　3颗

●**制作方法**　※单位：cm。

1　①前贴边和2片后贴边正面相对对齐，缝合肩部。分开缝份。
　②展开，剪掉多出的部分，四周做Z字形锁边缝。

2　①前身片和后身片正面相对对齐，缝合肩部。
　②2片缝份一起做Z字形锁边缝。缝份压向后身片侧。

3　①折叠后身片的贴边，用熨斗熨烫。
　②前、后贴边正面相对对齐，缝于前、后身片的正面的领口。
　③剪掉边角，缝份的边角侧剪牙口。
　④前、后贴边折至前、后身片的反面。左、右后身片的贴边同样折叠，缝合后开衩。
　⑤从左后身片的④的针脚至右后身片的④的针脚，缝合领口。
　⑥领口的贴边卷针缝缝于身片的肩部。
　⑦左、右后身片的后开衩重合，缝合固定。

4　①袖子的三边（除袖口）做Z字形锁边缝。
　②袖口用2根线大针脚机缝做出褶皱。

5　①前、后身片的左右两侧做Z字形锁边缝。
　②前、后身片和袖子正面相对，对齐肩部和袖山后缝合。

6　①袖子分别正面相对对齐，缝合袖下至袖窿止缝点。
　②前、后身片正面相对对齐，缝合侧边至袖窿止缝点。

7　①袖头反面相对，长边对长边，对折，折出折痕之后，正面相对，短边对齐缝合。
　②袖口抽褶，对齐袖头周围，同袖头正面相对对齐缝合。
　③沿①的折边翻折袖头，并卷针缝缝于袖口的反面。

8　①裙片左右两侧做Z字形锁边缝。
　②上边的褶皱处用2根线大针脚机缝。
　③裙片正面相对对折，缝合一端。
　④下摆折两次后缝合。

9　①裙片缩褶，前、后身片正面相对对齐，缝合。
　②2片缝份一起做Z字形锁边缝。缝份压向身片侧。

10　①缎带对折，缝合一端。
　②放于前、后身片和裙片的拼接侧，从后中心开始缝合。

11　①在左后身片的后开衩侧制作扣眼。
　②纽扣缝于右后身片的后开衩侧。

〈裁剪图〉

※单位：cm。

※数字为身高100/110/120cm。

※前贴边和后贴边使用纸型（p.57）。

※ 部分在反面贴黏合衬。

棉府绸

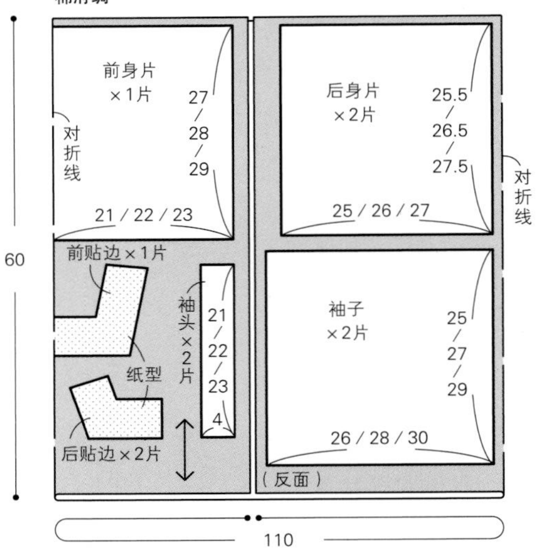

苏格兰格子呢

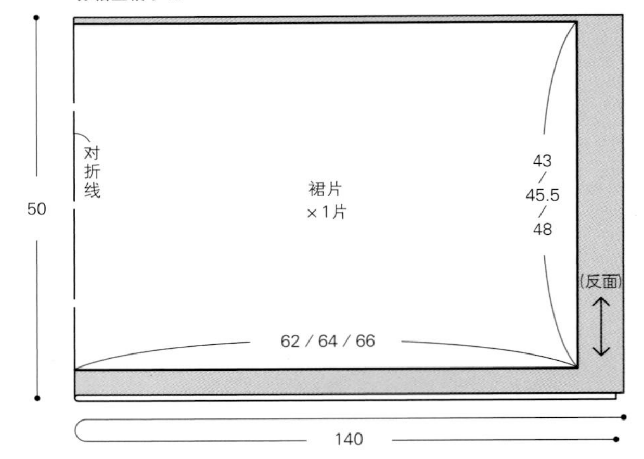

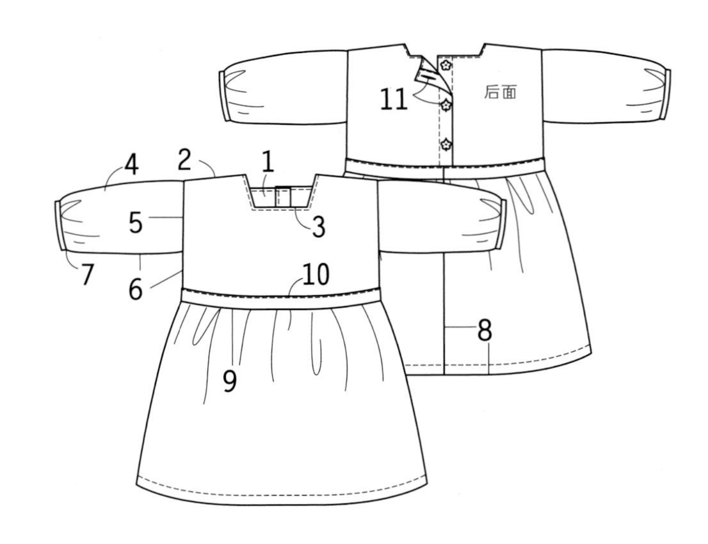

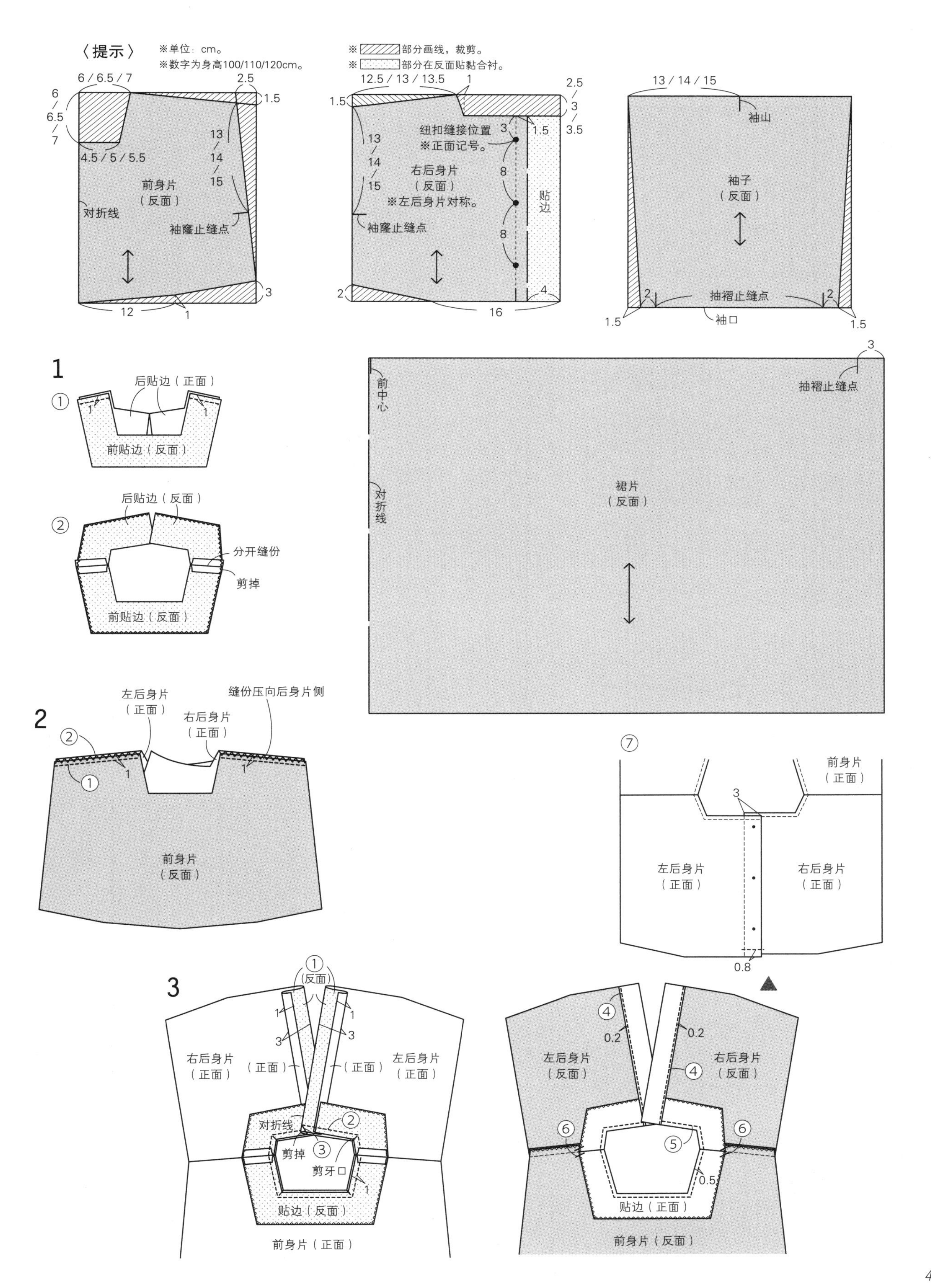
〈提示〉
※单位：cm。
※数字为身高100/110/120cm。
※ 部分画线，裁剪。
※ 部分在反面贴黏合衬。
6 / 6.5 / 7
2.5
1.5
4.5 / 5 / 5.5
13 / 14 / 15
前身片
（反面）
对折线
袖窿止缝点
12
1
3
12.5 / 13 / 13.5
1
纽扣缝接位置
※正面记号。
右后身片
（反面）
※左后身片对称。
贴边
2.5 / 3 / 3.5
16
4
13 / 14 / 15
袖山
袖子
（反面）
抽褶止缝点
袖口
1.5
1
后贴边（正面）
前贴边（反面）
后贴边（反面）
分开缝份
剪掉
前中心
抽褶止缝点
裙片
（反面）
对折线
2
左后身片
（正面）
右后身片
（正面）
缝份压向后身片侧
前身片
（反面）
⑦
前身片
（正面）
左后身片
（正面）
右后身片
（正面）
0.8
3
（反面）
右后身片
（正面）
左后身片
（正面）
对折线
剪掉
剪牙口
贴边（反面）
前身片（正面）
左后身片
（反面）
右后身片
（反面）
0.2
0.5
贴边（正面）
前身片（反面）

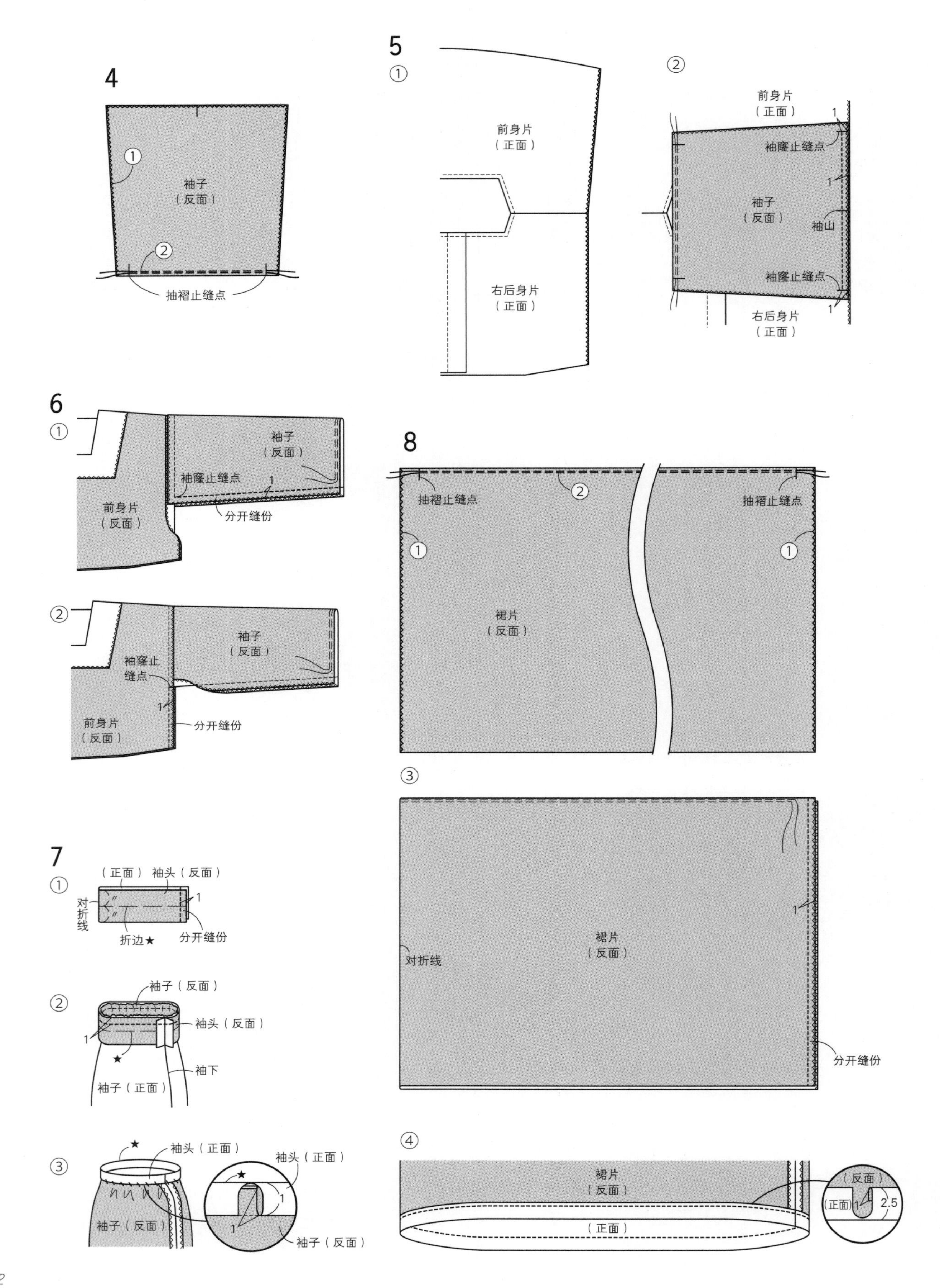
4
①
袖子
（反面）
②
抽褶止缝点
5
①
前身片
（正面）
右后身片
（正面）
②
前身片
（正面）
1
袖窿止缝点
1
袖子
（反面）
袖山
袖窿止缝点
1
右后身片
（正面）
6
①
袖子
（反面）
袖窿止缝点
1
前身片
（反面）
分开缝份
②
袖子
（反面）
袖窿止
缝点
1
前身片
（反面）
分开缝份
7
①
（正面）袖头（反面）
对
折
线
1
折边★
分开缝份
②
袖子（反面）
袖头（反面）
1
★
袖下
袖子（正面）
③
★
袖头（正面）
袖头（正面）
★
1
1
袖子（反面）
袖子（反面）
8
②
抽褶止缝点
抽褶止缝点
①
①
裙片
（反面）
③
1
裙片
（反面）
对折线
分开缝份
④
裙片
（反面）
（正面）
（反面）
（正面）
1
2.5

p. 5

学生手袋

●材料

表布（彩色帆布） 110cm×70cm

里布（印花棉布） 110cm×70cm

提手（织带） 2.5cm×35cm 2条

羊毛毡立体徽章 1片

●制作方法 ※单位：cm。

1 在表布的正面用熨斗熨烫徽章。

2 提手缝于表布正面的上下两边。

3 ①里布正面相对对折，留下返口，缝合左右两侧。
 ②表布正面相对对折，缝合左右两侧。

4 ①表布翻到正面，放入里布中正面相对对齐，缝合袋口。
 ②从返口翻到正面，缝合返口。

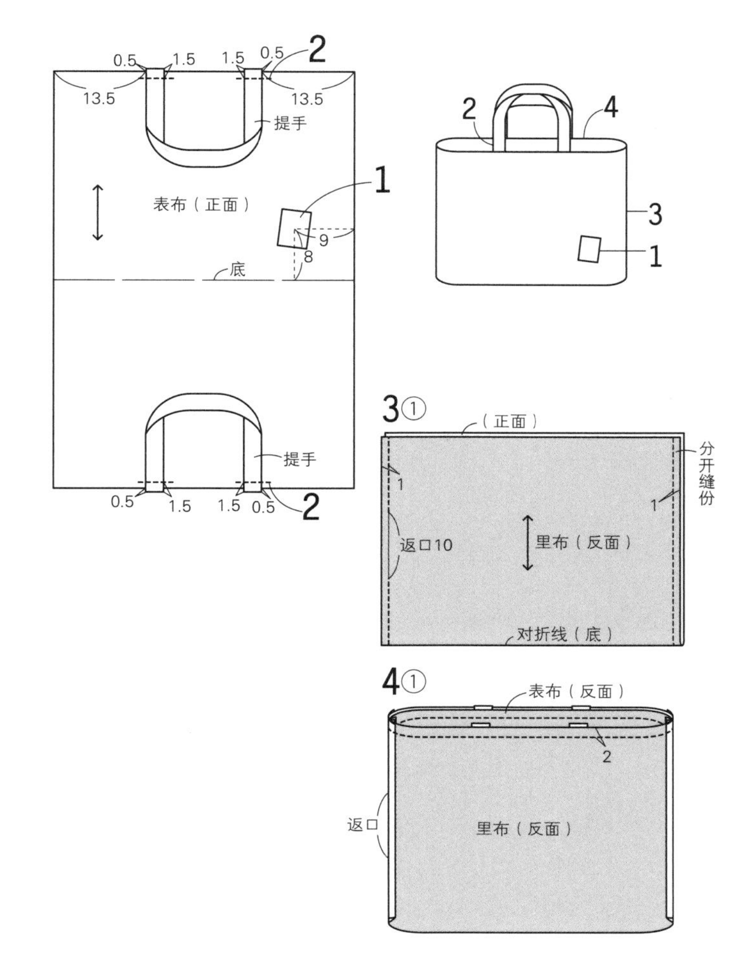

〈裁剪图〉 ※单位：cm。

表布、里布

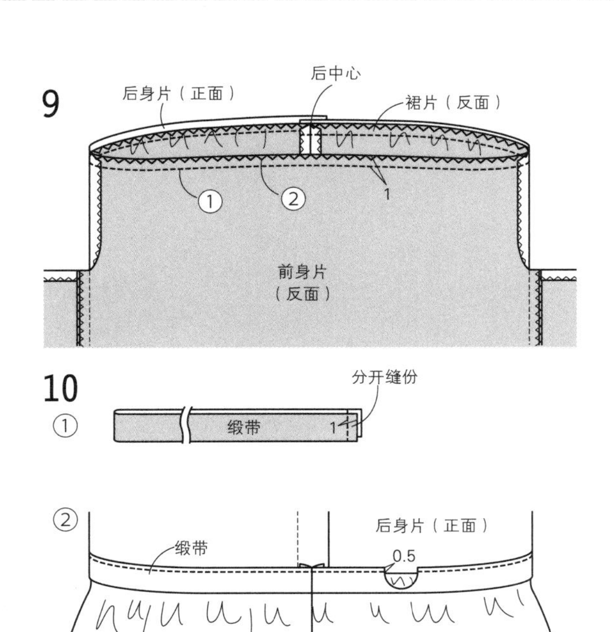

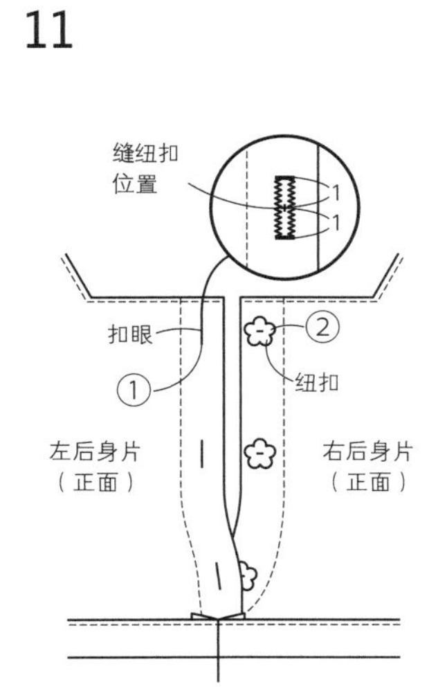

p. 7
西装马甲

●材料

纸型用纸　前身片：100/17.5cm×35cm、110/18.5cm×39cm、120/19.5cm×43cm、
后身片：100/16cm×32.5cm、110/17cm×35cm、120/18cm×37.5cm

表布（牛津布）　150cm×50cm

里布（印花棉布）　110cm×50cm

纽扣　直径1.8cm　3颗

●制作方法　※单位：cm。

1　①后身片表布、右前身片表布和左前身片表布正面相对对齐，缝合肩部。
　②里布制作方法同步骤①。

2　①表布和里布正面相对对齐，缝合袖窿。
　②步骤①的缝份的边角剪牙口。
　③表布和里布正面相对对齐，缝合前端至领口。
　④步骤③的缝份的边角剪牙口。
　⑤翻回正面，调整形状。

3　①后身片表布、右前身片表布和左前身片表布正面相对对齐，分别缝合侧缝。
　②里布制作方法同步骤①。

4　①表布和里布的下摆部分正面相对对齐，留下返口后缝合。
　②从返口翻到正面，梯形缝缝合返口。

5　纽扣缝于右前身片，在左前身片开扣眼。

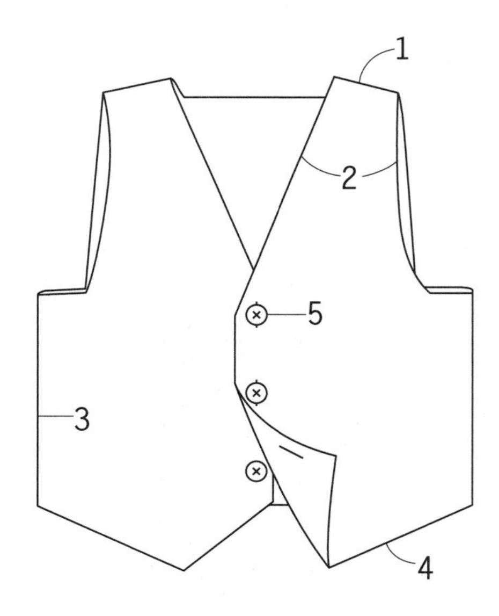

〈提示〉　※单位：cm。
※数字为身高100/110/120cm。
※分别在各纸型用纸上画线，▨部分剪去，制作纸型。

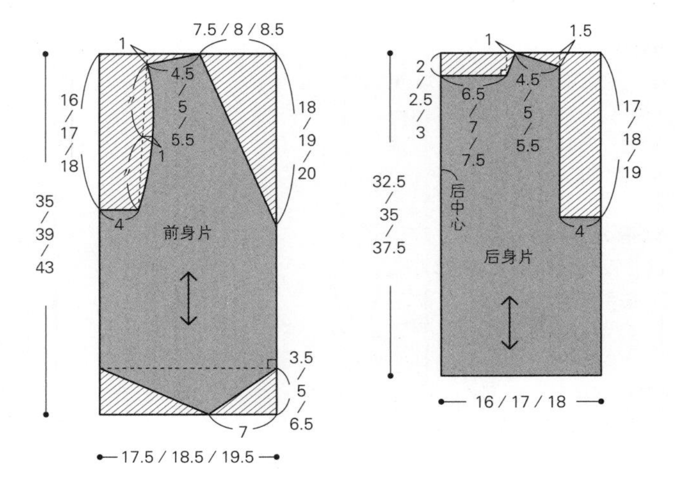

〈裁剪图〉
※单位：cm。
※数字为身高100/110/120cm。
※对齐纸型，画成品线，四周加1cm的缝份。

表布、里布

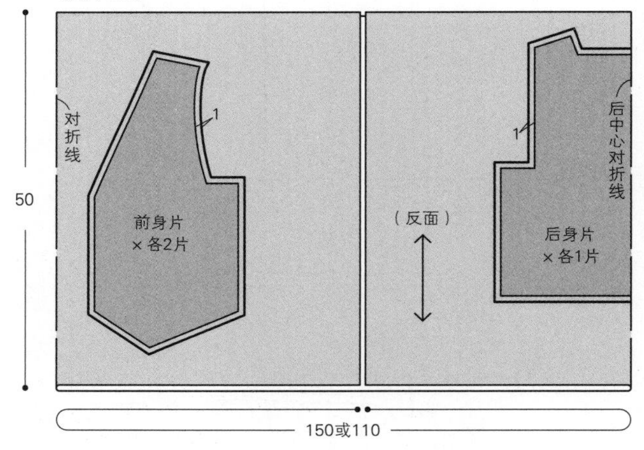

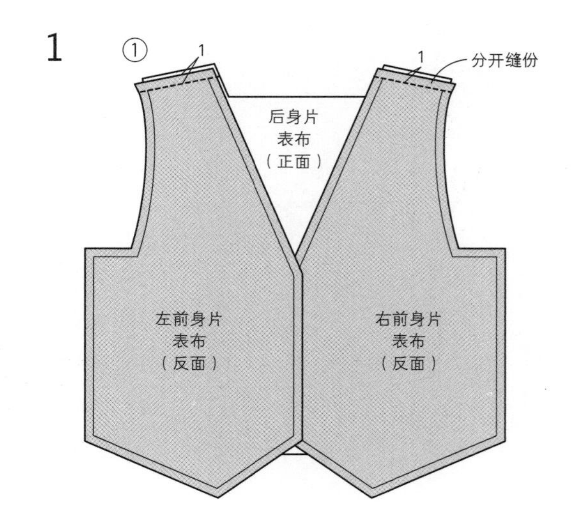

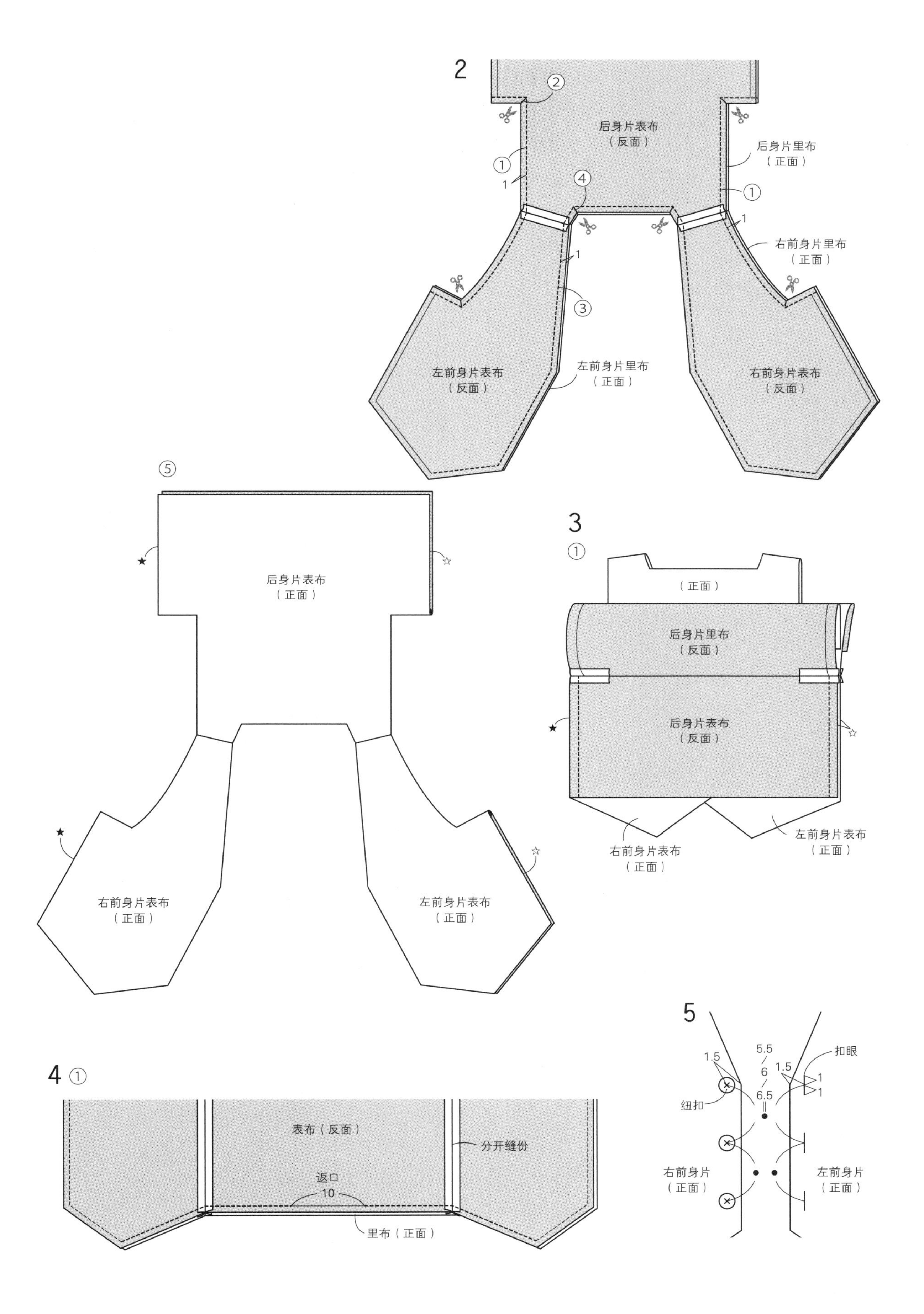
2
②
①
1
后身片表布
（反面）
后身片里布
（正面）
④
①
1
1
右前身片里布
（正面）
③
左前身片表布
（反面）
左前身片里布
（正面）
右前身片表布
（反面）
⑤
★
☆
后身片表布
（正面）
★
右前身片表布
（正面）
☆
左前身片表布
（正面）
3
①
（正面）
后身片里布
（反面）
★
后身片表布
（反面）
☆
右前身片表布
（正面）
左前身片表布
（正面）
4 ①
表布（反面）
分开缝份
返口
10
里布（正面）
5
1.5
5.5
6
6.5
1.5
扣眼
1
1
纽扣
右前身片
（正面）
左前身片
（正面）

p.7、9

帅气衬衣

●材料

使用布（牛津布） 110cm×100cm

黏合衬 20cm×50cm

纽扣（贝壳图案4孔纽扣） 直径1.1cm 7颗

●制作方法 ※单位：cm。

1 ①口袋的上边（口袋口侧）向反面折两次并缝合。
 ②按照左右两侧、下边的顺序向反面折，用熨斗熨烫。
 ③口袋缝于左前身片的正面。口袋口处回缝几针，用于加固。
2 缝合肩部（参照p.40步骤2）。
3 ①领子和领子反面正面相对对齐缝合。
 ②角斜着剪掉。
 ③翻到正面，四周做Z字形锁边缝。
4 ①领子反面和身片正面的领口正面相对对齐。折入左、右身片的贴边，用熨斗熨烫。
 ②缝合领口。
 ③领口用斜裁布的上下两边向反面折，用熨斗熨出折痕。
 ④领口用斜裁布和领口缝在一起。
 ⑤步骤④的缝份剪牙口。
 ⑥角斜着剪掉。
 ⑦领口用斜裁布折至身片的反面，缝合一端。
5 ①袖子的开口侧剪牙口，剪成Y字形。
 ②拉伸步骤①的牙口，摊平。
 ③袖口用斜裁布的上下两边向反面折，用熨斗熨烫。
 ④展开步骤③的一侧的折边，正面相对对齐步骤②，缝合折边的上侧。
 ⑤袖口用斜裁布向袖子反面折，卷针缝缝合一端。
 ⑥再正面相对折叠，缝合边角。
 ⑦折出褶皱，缝合一端。
6 袖子缝于前、后身片（参照p.40步骤5）。
7 缝合袖下和侧缝（参照p.40步骤6）。
8 ①袖头正面相对对折，未贴黏合衬的那一侧翻折1cm后缝合左右两侧，并翻到正面。
 ②袖头对齐缝合于袖口。
 ③从针脚位置上翻袖头，夹住缝份，缝合。
9 贴边折叠缝合。
10 下摆向反面折两次并缝合。
11 左前身片侧制作扣眼，纽扣缝于右前身片侧。
12 纽扣缝于袖口重叠处的下侧，另一侧制作扣眼。

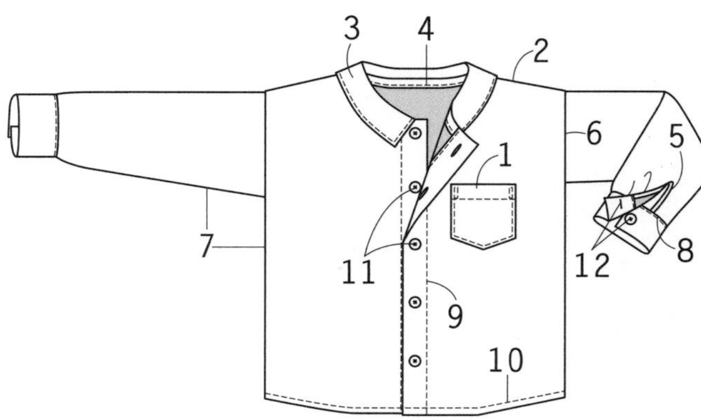

〈裁剪图〉 ※单位：cm。
※数字为身高100/110/120cm。
※领子用纸型（p.58）。

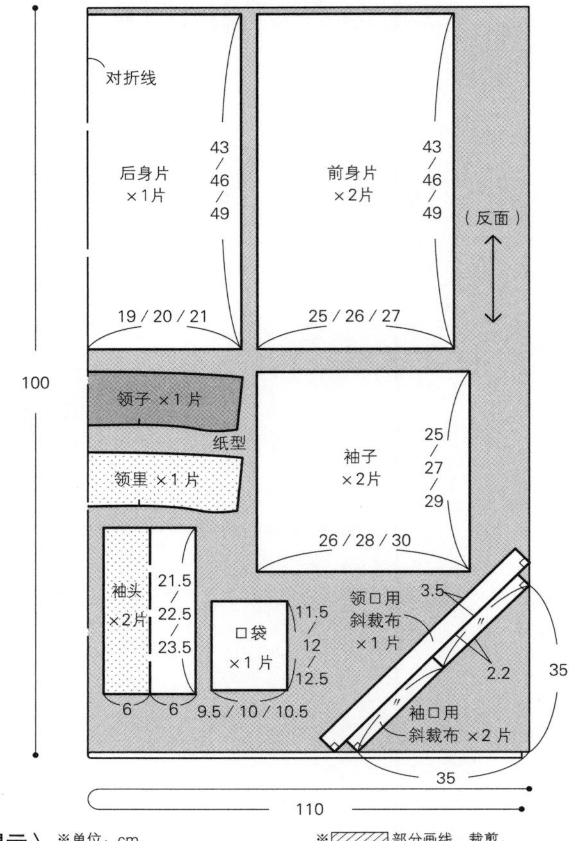

〈提示〉 ※单位：cm。
※数字为身高100/110/120cm。
※将通用纸型D（p.58）和前领口用纸型（p.58）放于指定位置，画线，裁剪。
※▨部分画线，裁剪。
※▒部分的反面粘贴黏合衬。

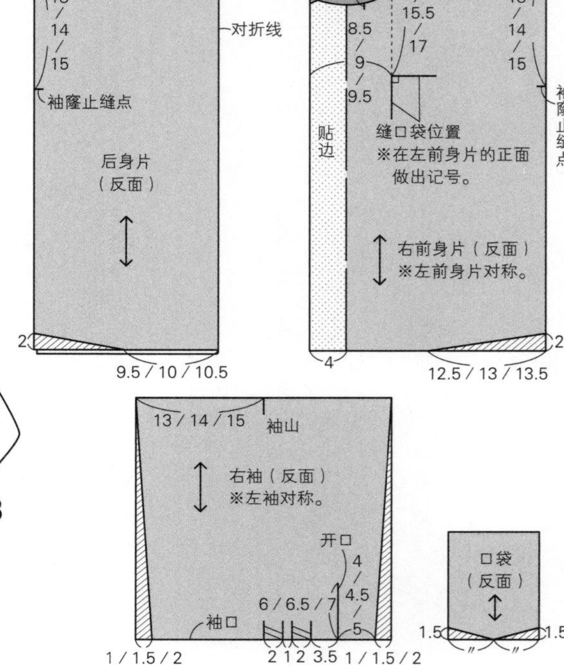

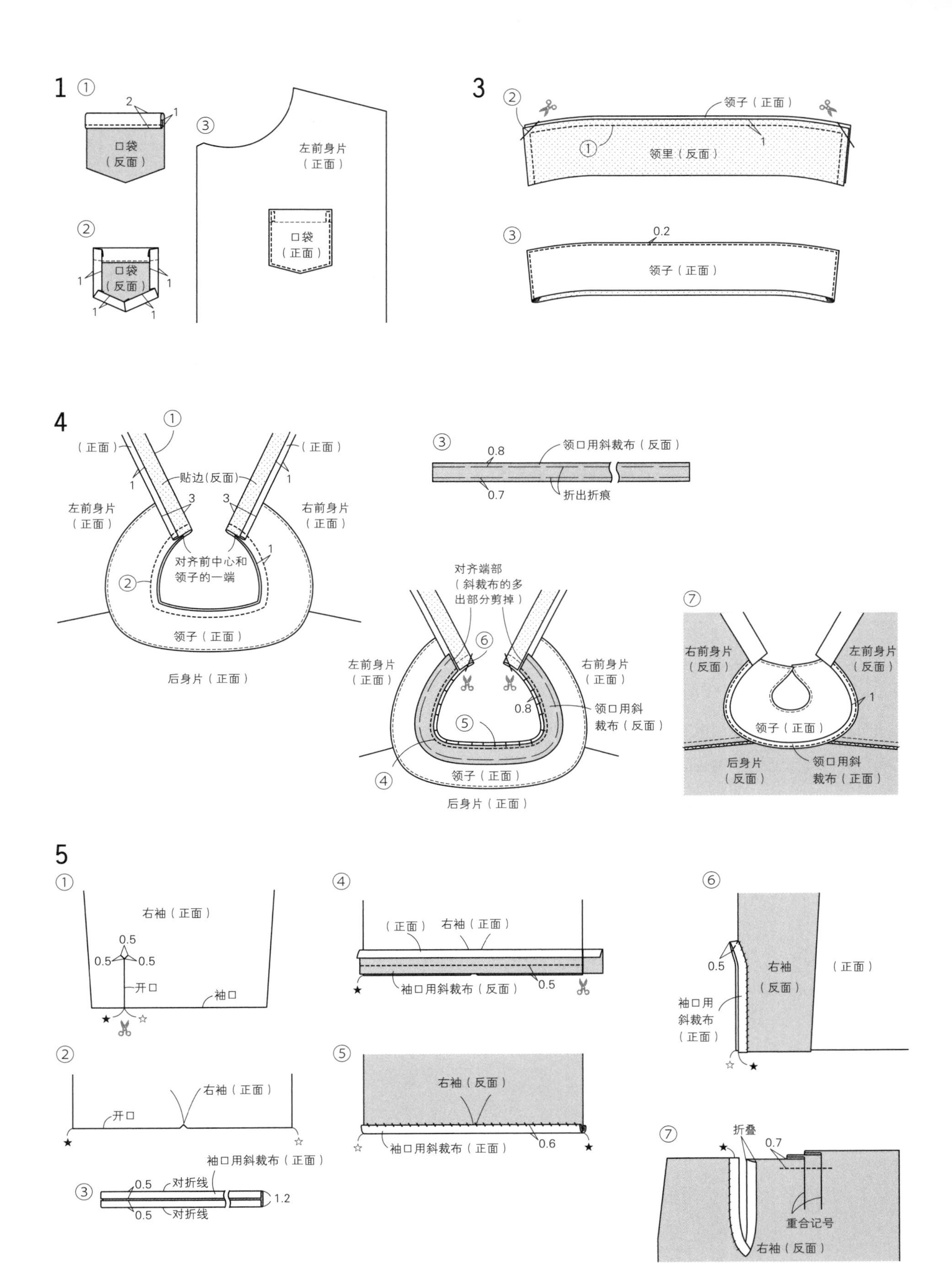

1
①
2
1
口袋
（反面）
②
口袋
（反面）
1
1
1
1
③
左前身片
（正面）
口袋
（正面）
3
②
领子（正面）
①
1
领里（反面）
③
0.2
领子（正面）
4
①
（正面）
（正面）
贴边(反面)
1
1
3
3
左前身片
（正面）
右前身片
（正面）
对齐前中心和
领子的一端
1
②
领子（正面）
后身片（正面）
③
0.8
领口用斜裁布（反面）
0.7
折出折痕
对齐端部
（斜裁布的多
出部分剪掉）
⑥
左前身片
（正面）
右前身片
（正面）
0.8
领口用斜
裁布（反面）
⑤
④
领子（正面）
后身片（正面）
⑦
右前身片
（反面）
左前身片
（反面）
1
领子（正面）
后身片
（反面）
领口用斜
裁布（正面）
5
①
右袖（正面）
0.5
0.5
0.5
开口
袖口
②
右袖（正面）
开口
③
袖口用斜裁布（正面）
0.5
对折线
1.2
0.5
对折线
④
（正面）
右袖（正面）
袖口用斜裁布（反面）
0.5
⑤
右袖（反面）
袖口用斜裁布（正面）
0.6
⑥
0.5
右袖
（反面）
（正面）
袖口用
斜裁布
（正面）
⑦
折叠
0.7
重合记号
右袖（反面）

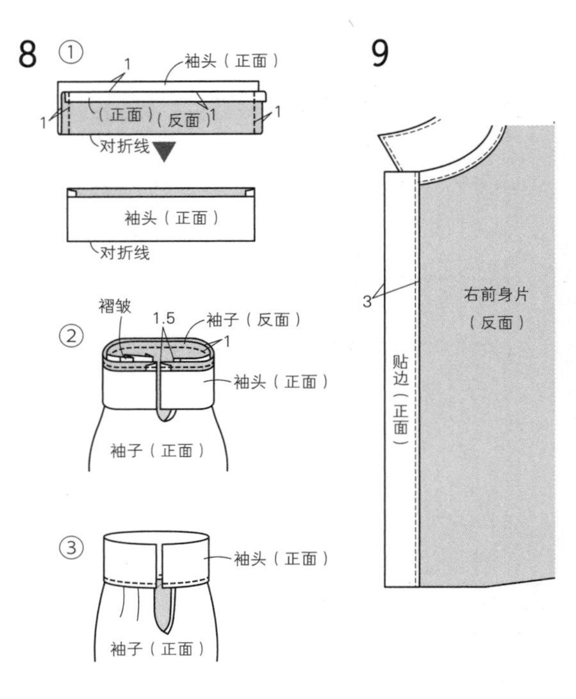

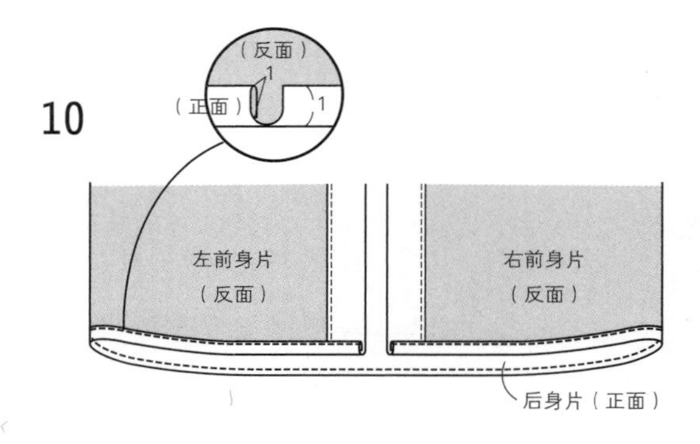

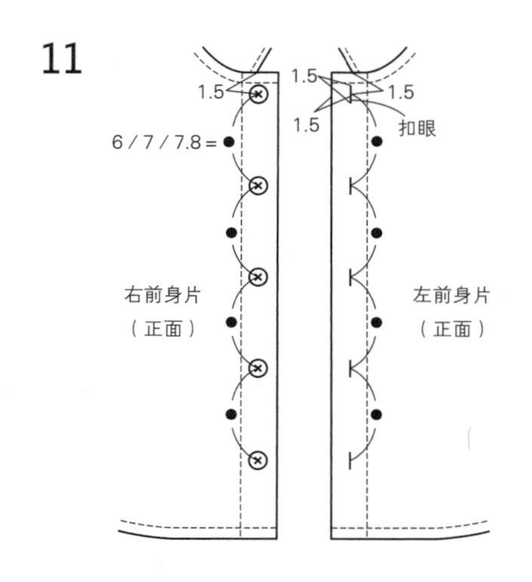

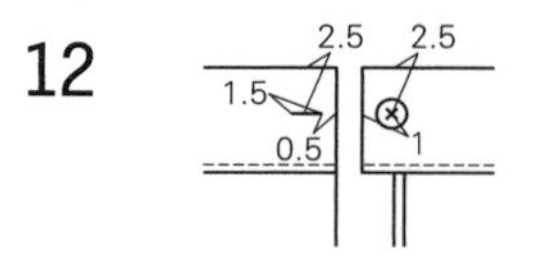

p. 7

蝴蝶结领结

●材料

缎带　a 4cm宽　19cm 2条、b 1.5cm宽　4cm 1条

松紧带　1cm × 46cm

调节扣　1个

固定扣　1组

●制作方法　※单位：cm。

1　①重合缎带a的两端，在中央用2根线缩缝。

②拉线收紧，再次缩缝。

③绕线数次固定。

④同步骤①~③，再制作1个。

2　①固定扣的插入侧穿入松紧带一侧的一端，缝合固定。

②松紧带另一侧的一端依次穿入调节扣、固定扣的插入口，接着穿入调节扣的后侧，然后缝合固定。

③重合2个缎带a，卷起缎带b，缝合固定。

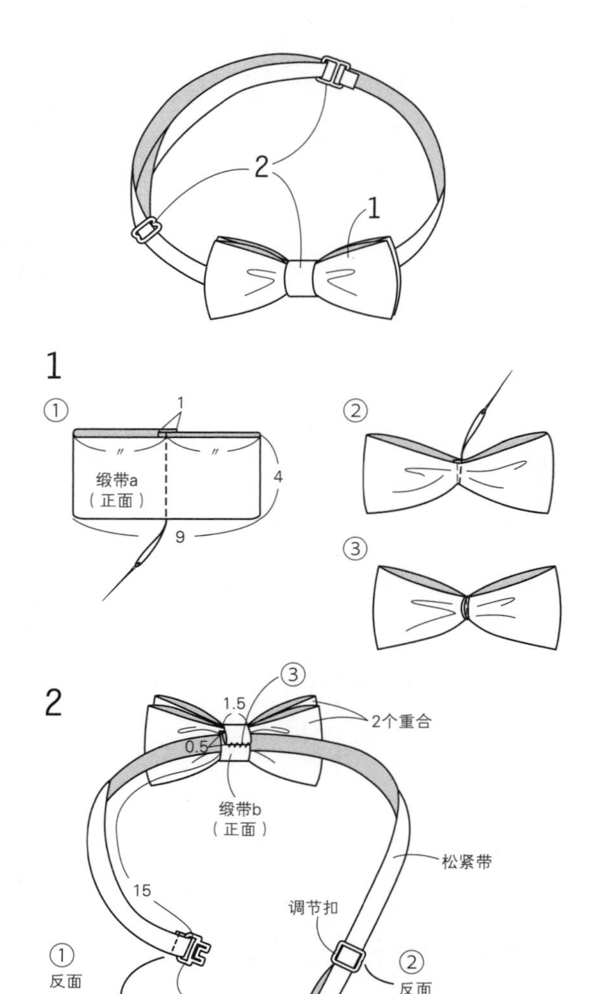

p. 11

格纹拼布
长袖 T 恤

●材料

使用布（双罗纹织布） 180cm × 50cm

肩布（麻/格纹） 100/21cm × 10.5cm、110/22cm × 11cm、120/23cm × 11.5cm

纽扣 直径1.3cm 3颗

●制作方法 ※单位：cm。

1 ①饰条的左右两侧及下边分别向反面折入1cm。
 ②4片肩布的斜线分别向反面折。剪掉多出的部分。
 ③饰条三边缝于前身片的正面。
 ④2片肩布缝于前身片的正面。
 ⑤同步骤④一样，2片肩布缝于后身片的正面。
2 缝合肩部（参照p.72的步骤1）。
3 缝上领子（参照p.72的步骤2）。
4 缝上袖子（参照p.72的步骤3）。
5 缝合侧缝和袖下（参照p.72的步骤4。但是，不缝扣环布）。
6 缝合袖口（参照p.72的步骤5）。
7 缝合下摆（参照p.72的步骤6）。
8 纽扣缝于饰条上。

〈提示〉 ※单位：cm。
※数字为身高100/110/120cm。
※前身片、后身片及领子做法同p.72“条纹T恤”。
※▨部分画线，裁剪。

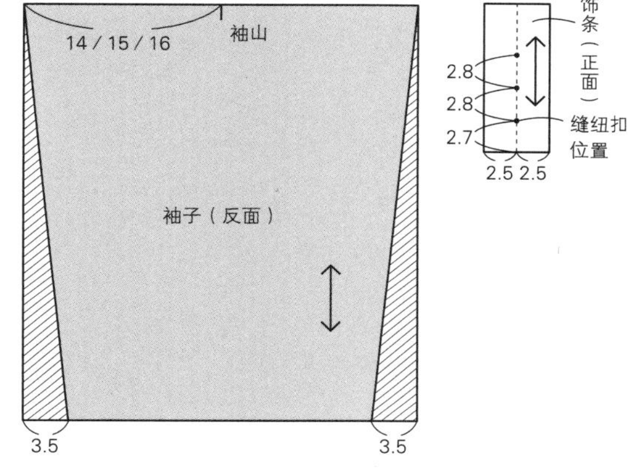

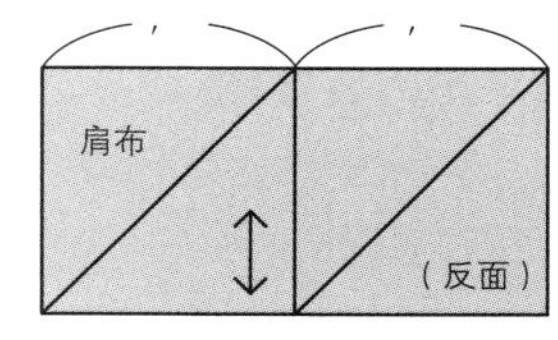

〈裁剪图〉 ※单位：cm。
※数字为身高100/110/120cm。

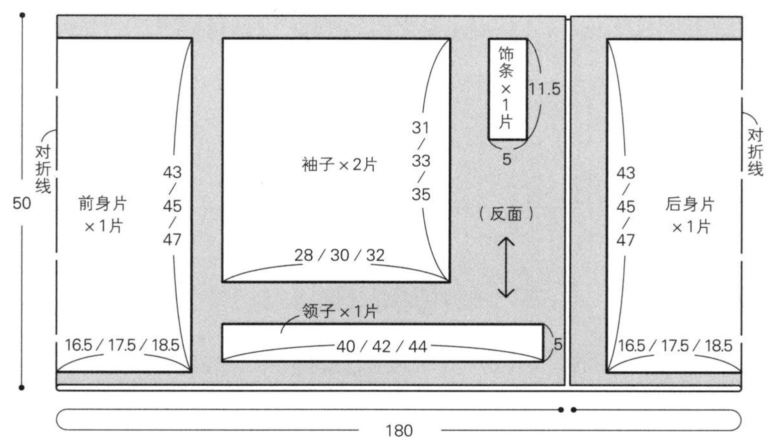

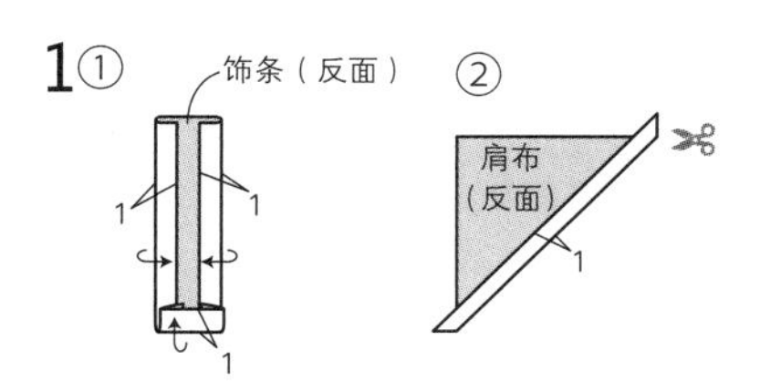

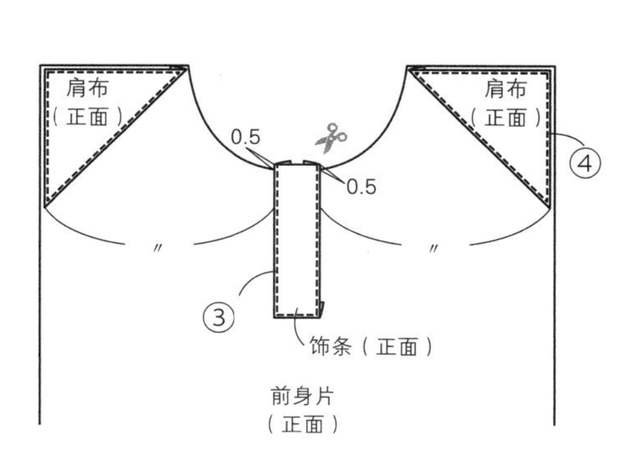

p. 7、9
西装短裤

●材料

使用布（牛津布） 150cm宽100/60cm，110、120/70cm

松紧带 2cm×70cm

●制作方法 ※单位：cm。

1 ①后口袋的上边（口袋口侧）向反面折两次并缝合。
 ②左右两侧及下边依次向反面折，用熨斗熨烫。
 ③后口袋分别缝于左、右后裤片的正面。口袋口处回缝几针，用于加固。

2 ①右前裤片和右前口袋正面相对对齐，缝合口袋口。
 ②沿缝合线翻折，反面相对对齐，缝合口袋口。
 ③口袋正面相对对齐，纵向对折，2片口袋的下边用双线缝合，做Z字形锁边缝。
 ④缝合上边和右侧。
 ⑤同步骤①~④，缝合左前裤片和左前口袋。

3 ①右前裤片和右后裤片正面相对对齐，缝合侧缝。
 ②2片缝份一起（口袋部分为4片）做Z字形锁边缝。缝份压向后裤片侧。
 ③右前裤片和右后裤片正面相对对齐，缝合下裆。
 ④2片缝份一起做Z字形锁边缝。缝份压向后侧。
 ⑤左前裤片和左后裤片同样按照步骤①~④制作。

4 ①右裤片和左裤片正面相对对齐，缝合裆部。
 ※缝合2次，用于加固。
 ②2片缝份一起做Z字形锁边缝。缝份压向左裤片。

5 ①裤腰反面相对横着对折，用熨斗熨出折痕。展开后正面相对对齐，留下松紧带穿口，缝合侧缝。分开缝份。
 ②裤片和裤腰正面相对对齐，缝合裤腰。
 ※对齐右裤片接缝和裤腰接缝，左裤片接缝和裤腰的对齐记号。
 ③向反面沿折边折叠裤腰，下边在反面缝合。

6 裤脚向反面折两次并缝合。

7 从松紧带穿口穿入松紧带，两端重叠缝合固定。针脚重合多次，用于加固。
 ※松紧带的尺寸对应实际尺寸。

〈裁剪图〉 ※单位：cm。 ※数字为身高100/110/120cm。

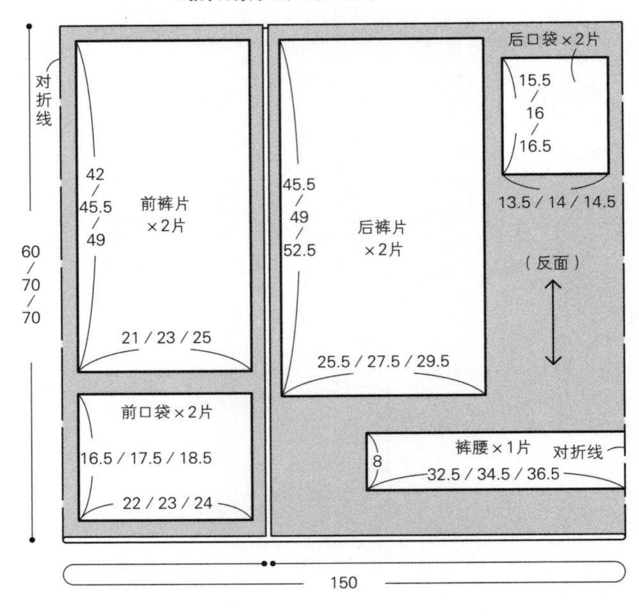

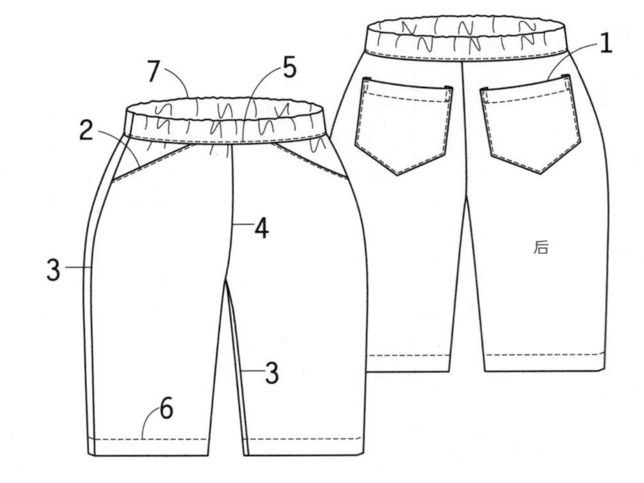

〈提示〉 ※单位：cm。
※数字为身高100/110/120cm。
※将通用纸型E、F（p.58）放于指定位置，放上尺子，画延长线至布边，裁剪。
※▨部分画线，裁剪。

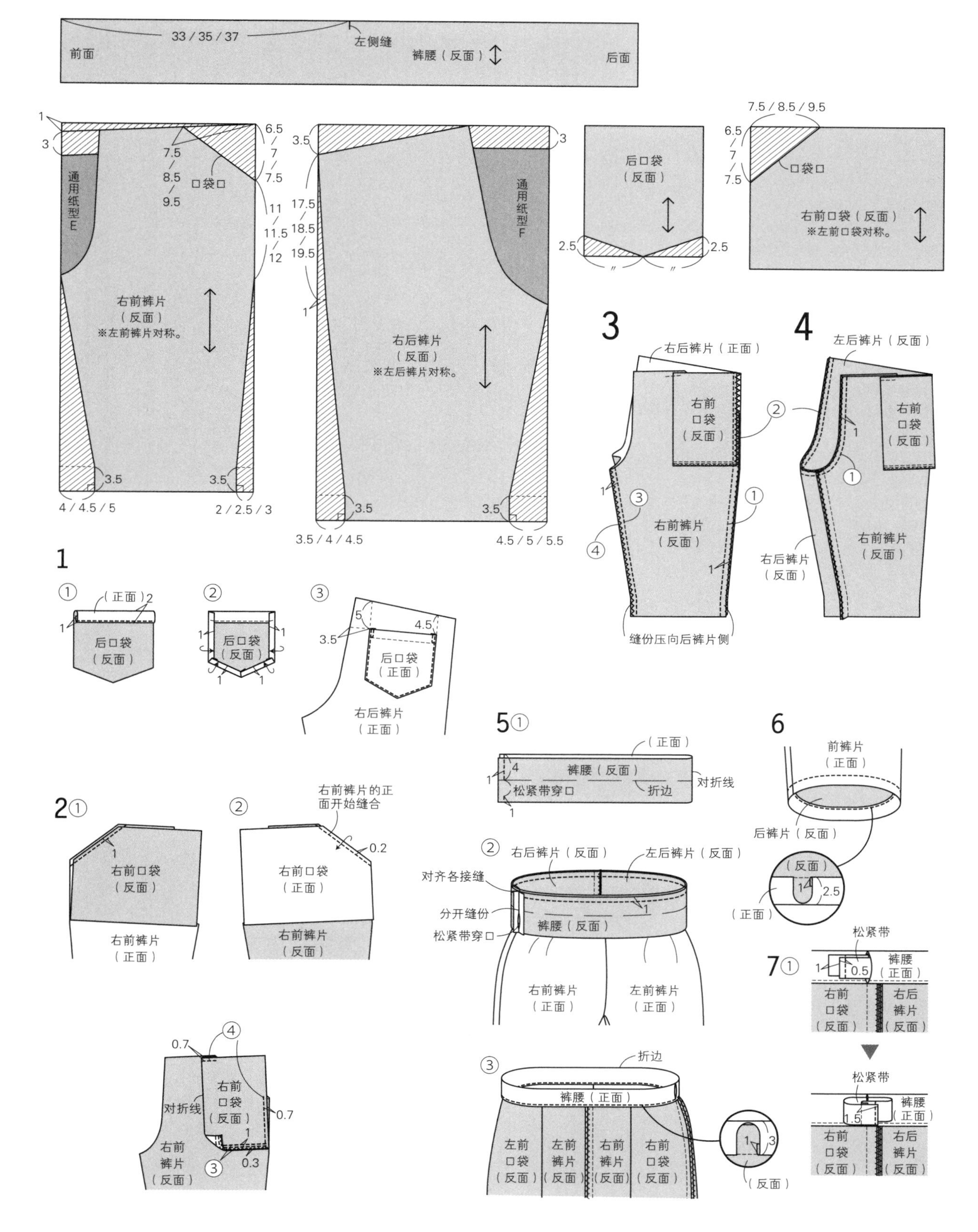

p. 10

可爱罩衣

●材料

使用布（双层纱布） 110cm宽

100、110/80cm、120/90cm

缎带 2cm×38cm

松紧带 0.6cm宽 适量

●制作方法 ※单位：cm。

1 ①前身片的领口向反面折两次并缝合。

②穿入松紧带。松紧带拉伸至指定长度，缝合固定于左右两侧。

③前身片的左右两侧做Z字形锁边缝。

④后身片同步骤①~③做法。

⑤左、右袖同步骤①、②做法，制作成指定长度。

⑥左、右袖的左右两侧做Z字形锁边缝。

2 ①前身片和右袖正面相对对齐，缝合袖窿部分。

②同步骤①做法，分别缝合左、右袖和前、后身片的袖窿。缝份压向身片侧。

3 ①右袖正面相对折叠，缝合袖下至止缝点。左袖同样缝合。

②前身片和后身片正面相对，缝合侧缝至止缝点。

4 袖口向反面折两次并缝合。

5 下摆向反面折两次并缝合。

6 ①缎带裁剪2条15cm和2条4cm。

②重合15cm缎带的两条短边，缝合。

③折叠4cm缎带的两端，重叠于15cm缎带的中间并缝合。

④缎带缝于左、右肩的领口处。

〈裁剪图〉

※单位：cm。

※数字为身高100/110/120cm。

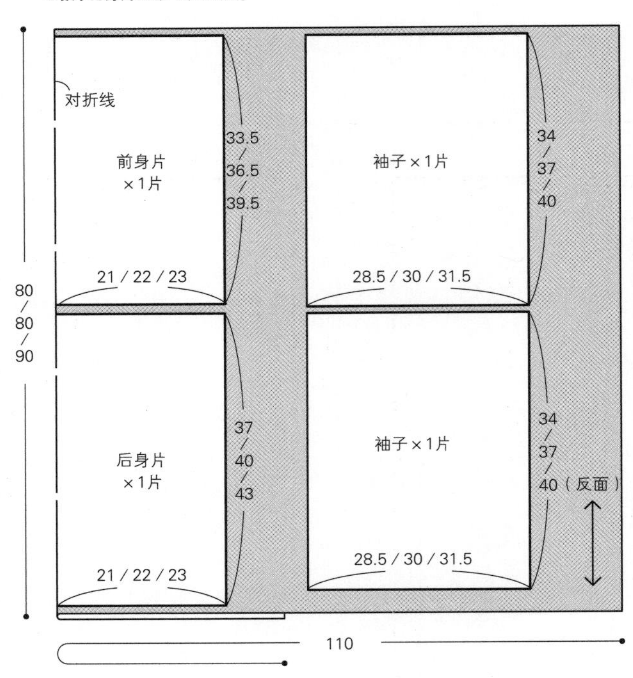

〈提示〉 ※数字为身高100/110/120cm。

※▨部分画线，裁剪。

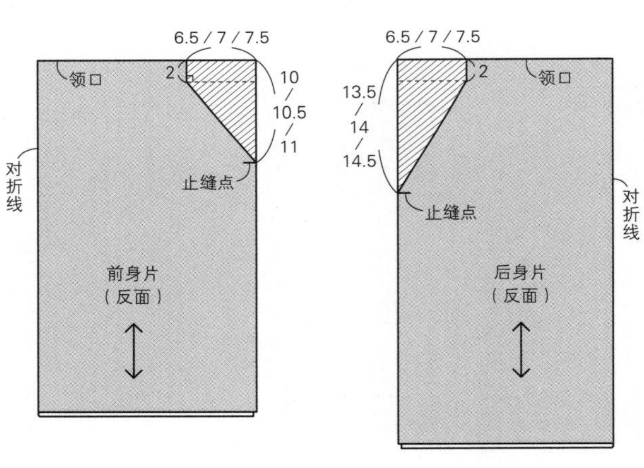

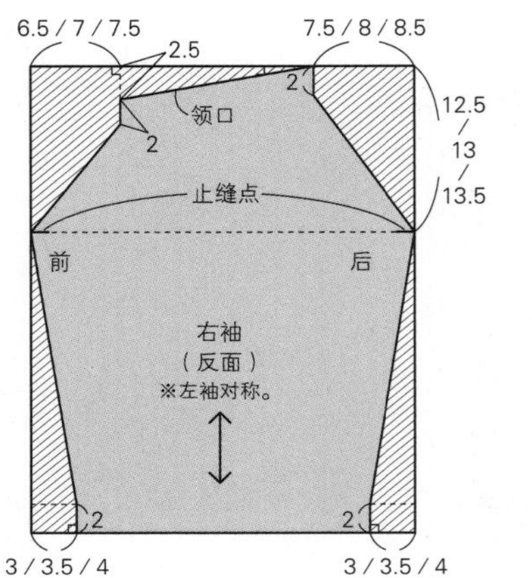

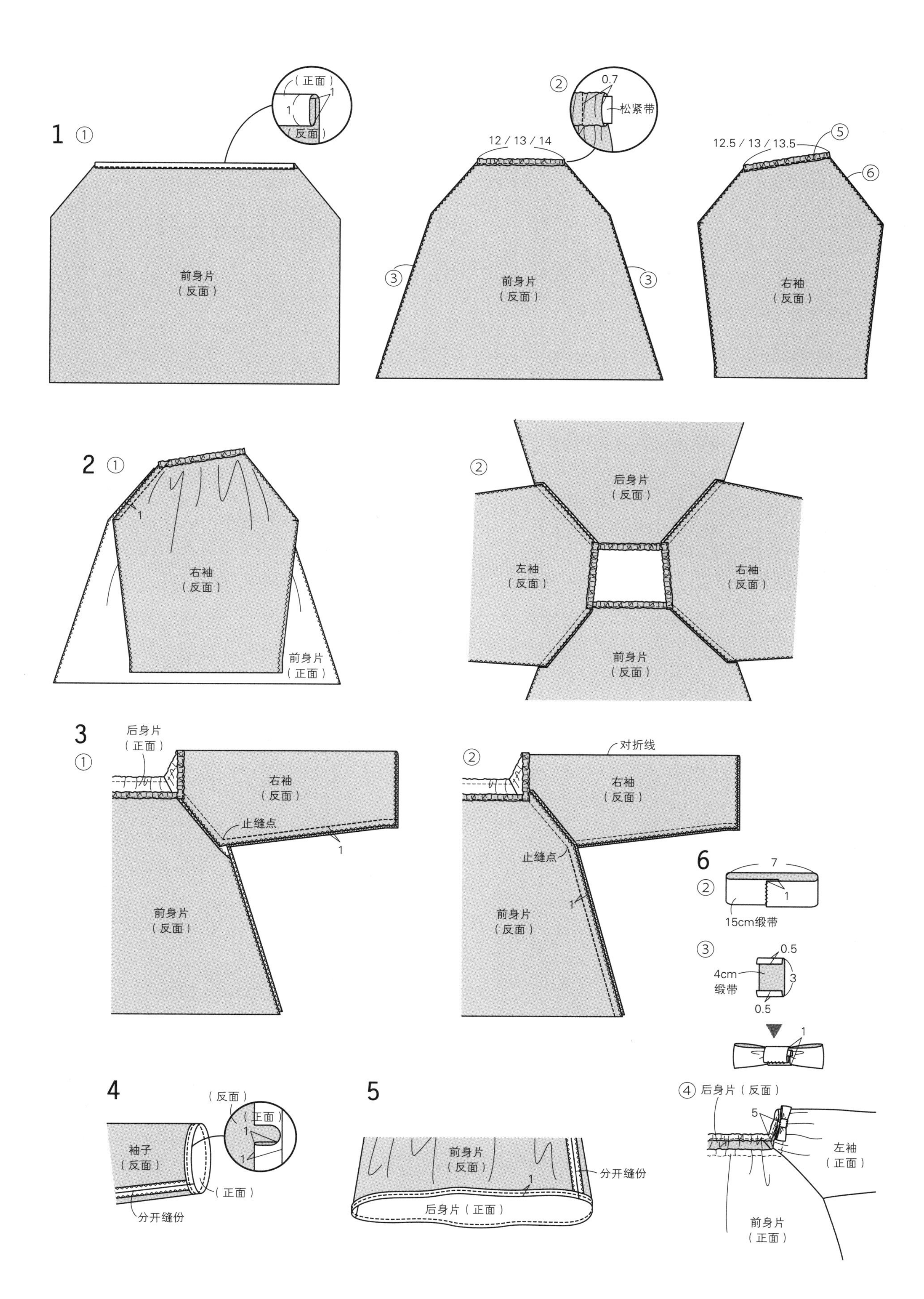

1 ①
（正面）
1
1
（反面）
前身片
（反面）
② 0.7
松紧带
12 / 13 / 14
③
前身片
（反面）
③
12.5 / 13 / 13.5
⑤
⑥
右袖
（反面）
2 ①
1
右袖
（反面）
前身片
（正面）
②
后身片
（反面）
左袖
（反面）
右袖
（反面）
前身片
（反面）
3
①
后身片
（正面）
右袖
（反面）
止缝点
1
前身片
（反面）
②
对折线
右袖
（反面）
止缝点
1
前身片
（反面）
6
② 7
1
15cm缎带
③ 0.5
4cm
缎带
3
0.5
1
4
（反面）
（正面）
1
1
袖子
（反面）
（正面）
分开缝份
5
前身片
（反面）
1
分开缝份
后身片（正面）
④ 后身片（反面）
5
左袖
（正面）
前身片
（正面）

p. 10

蓬松灯笼裙

●材料

表布（麻布/圆点） 110cm×80cm

里布（印花棉布） 110cm×50cm

松紧带 0.8cm×110cm

缎带 1cm×20cm

●制作方法 ※单位：cm。

1 ①上裙片正面相对对齐，留下松紧带穿口后缝合。
 ②2片缝份一起做Z字形锁边缝，剪牙口。
 ③上边向反面折两次并用双线缝合。

2 ①表布的下前裙片和下后裙片正面相对对齐缝合。
 ②里布的下前裙片和下后裙片同样按照步骤①的方法缝合。
 ③表布的下前裙片和里布的下前裙片正面相对对齐，缝合下边。
 ④翻到正面，对齐上边，错开表布和里布的侧缝，上边用2根线大针脚机缝做出褶皱。

3 ①下裙片抽褶，同上裙片正面相对对齐缝合。
 ②3片缝份一起做Z字形锁边缝。

4 ①从松紧带穿口穿入2条松紧带。缝合松紧带的两端（参照p.50的步骤7）。
 ②缎带做成蝴蝶结，卷针缝缝于裙腰的前中央。

〈裁剪图〉

※单位：cm。

※数字为身高100/110/120cm。

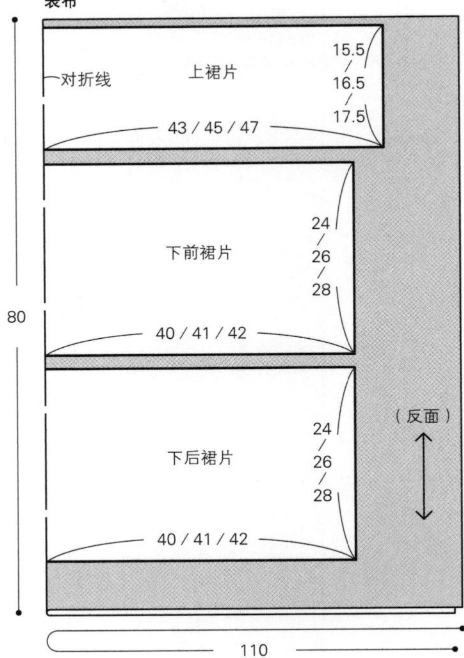

〈提示〉

※单位：cm。

※表布、下后裙片同样。

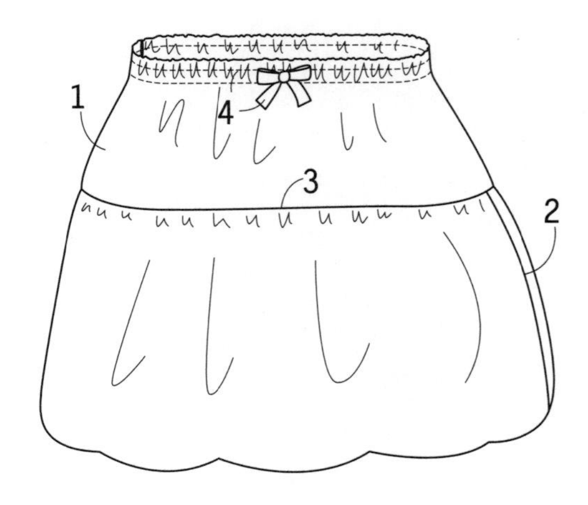

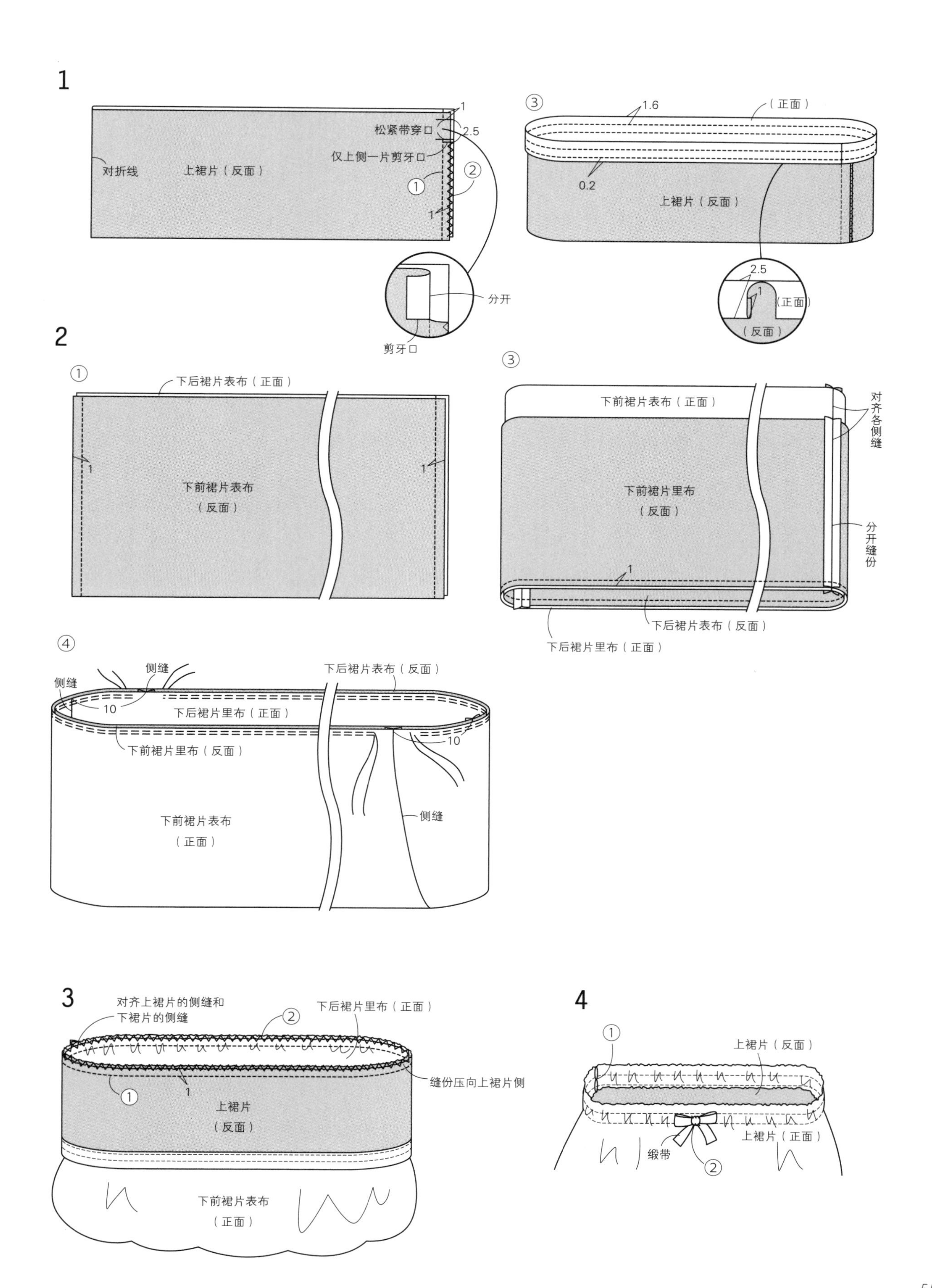
1
1
松紧带穿口
2.5
仅上侧一片剪牙口
对折线
上裙片（反面）
②
①
1
分开
剪牙口
③
1.6
（正面）
0.2
上裙片（反面）
2.5
1
（正面）
（反面）
2
①
下后裙片表布（正面）
1
1
下前裙片表布
（反面）
③
下前裙片表布（正面）
对齐各侧缝
下前裙片里布
（反面）
分开缝份
1
下后裙片表布（反面）
下后裙片里布（正面）
④
侧缝
侧缝
下后裙片表布（反面）
10
下后裙片里布（正面）
下前裙片里布（反面）
10
下前裙片表布
（正面）
侧缝
3
对齐上裙片的侧缝和
下裙片的侧缝
②
下后裙片里布（正面）
缝份压向上裙片侧
①
1
上裙片
（反面）
下前裙片表布
（正面）
4
①
上裙片（反面）
上裙片（正面）
缎带
②

p. 11

休闲裤

●**材料**

使用布（斜纹布） 125cm×90cm

松紧带 2cm×70cm

●**制作方法** ※单位：cm。

1 ①右前裤片和右前口袋正面相对对齐，缝合口袋口（参照p.50的步骤2-①）。
②沿缝合线翻折，反面相对对齐，双线机缝口袋口。
③折叠并缝合右前口袋的下侧，将其缝合固定于右前裤片（参照p.50的步骤2-③~④）。
④同步骤①~③，缝合左前裤片和左前口袋。

2 ①右前裤片和右后裤片正面相对对齐，缝合侧缝（参照p.50的步骤3-①~②）。
②展开，从正面双线机缝（参照步骤3-⑤的图）。

3 ①侧口袋的上边做Z字形锁边缝。
②如图所示折叠，用熨斗熨烫。
③上边如图所示向反面折后缝合。
④左、右两侧及下边依次向反面折，用熨斗熨烫。
⑤侧口袋缝于前裤片和后裤片的正面。口袋口处回缝几针，用于加固。

4 前裤片和后裤片正面相对对齐，缝合下裆（参照p.50的步骤3-③~⑤）。

5 右裤片和左裤片正面相对对齐，缝合裆部（参照p.50的步骤4）。

6 ①裤腰反面相对，长边对长边对折，用熨斗熨出折痕。展开，正面相对对齐，留下松紧带穿口后，缝合侧边。分开缝份。
②缝合裤片和裤腰（参照p.50的步骤5-②~③）。
③缝合裤腰的上边。

7 缝合裤脚（参照p.50的步骤6）。

8 裤腰处穿入松紧带（参照p.50的步骤7）。

〈裁剪图〉 ※单位：cm。
※数字为身高100/110/120cm。

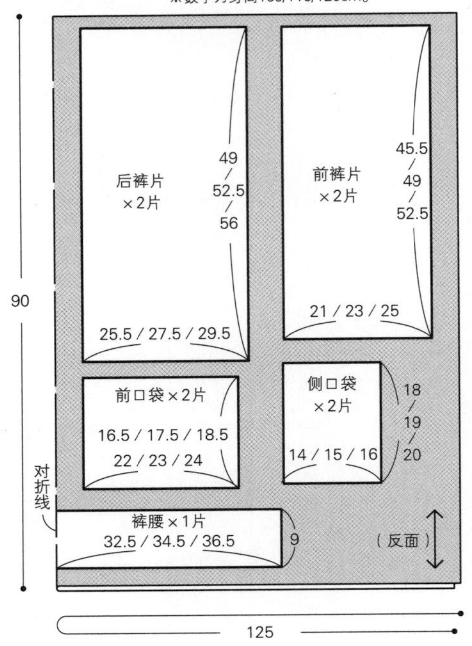

〈提示〉

※前裤片、后裤片、前口袋、裤腰同p.50。

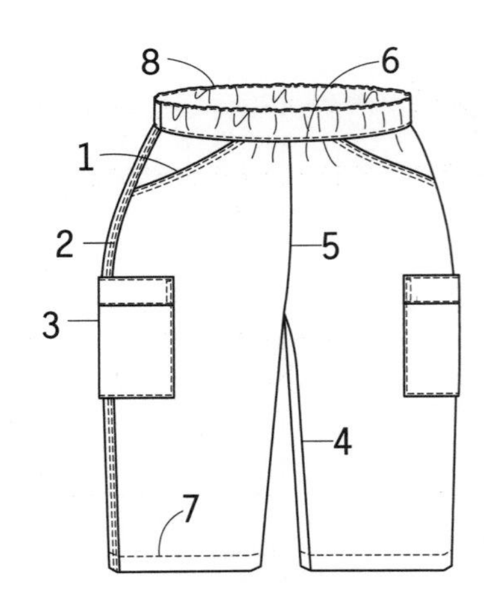

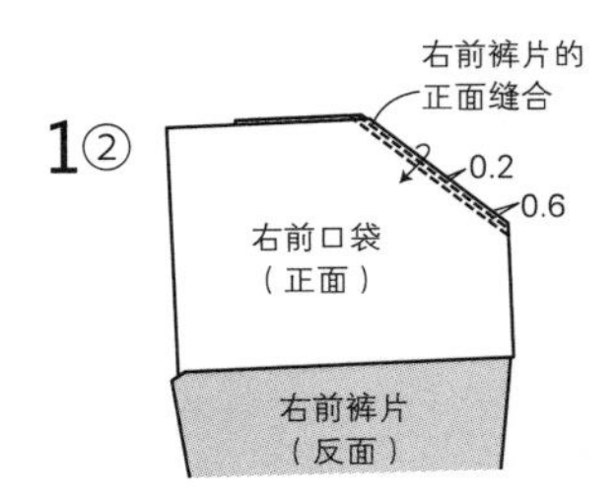

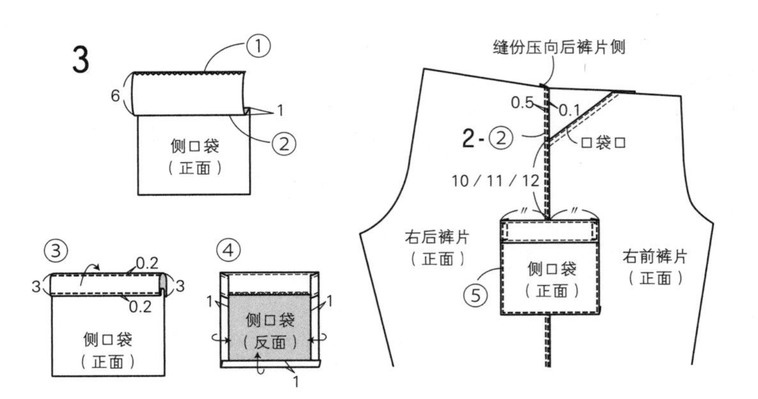

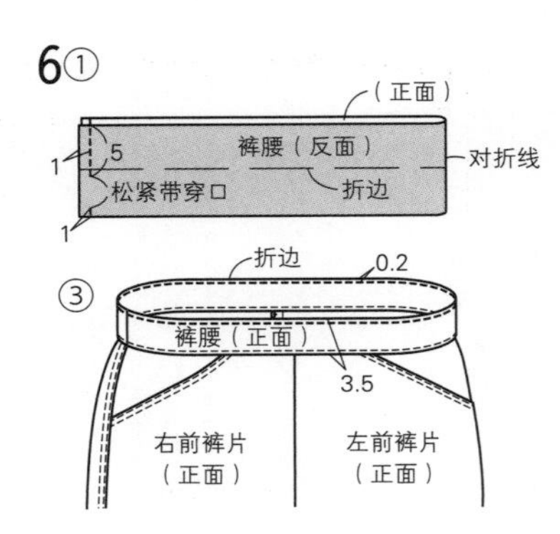

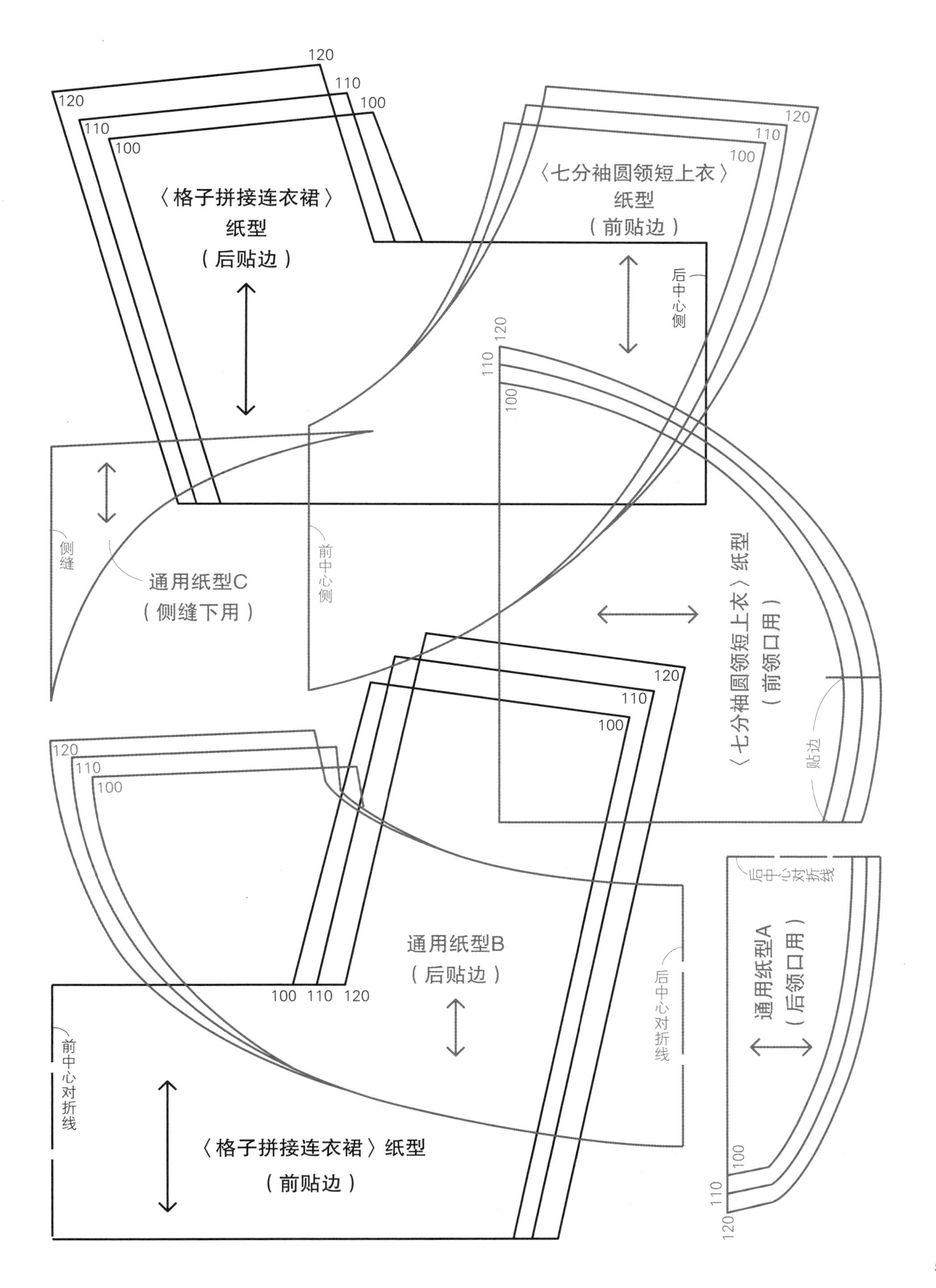

〈格子拼接连衣裙〉
纸型
（后贴边）
120
110
100
〈七分袖圆领短上衣〉
纸型
（前贴边）
后中心侧
前中心侧
侧缝
通用纸型C
（侧缝下用）
〈七分袖圆领短上衣〉纸型
（前领口用）
贴边
通用纸型B
（后贴边）
后中心对折线
前中心对折线
〈格子拼接连衣裙〉纸型
（前贴边）
后中心对折线
通用纸型A
（后领口用）

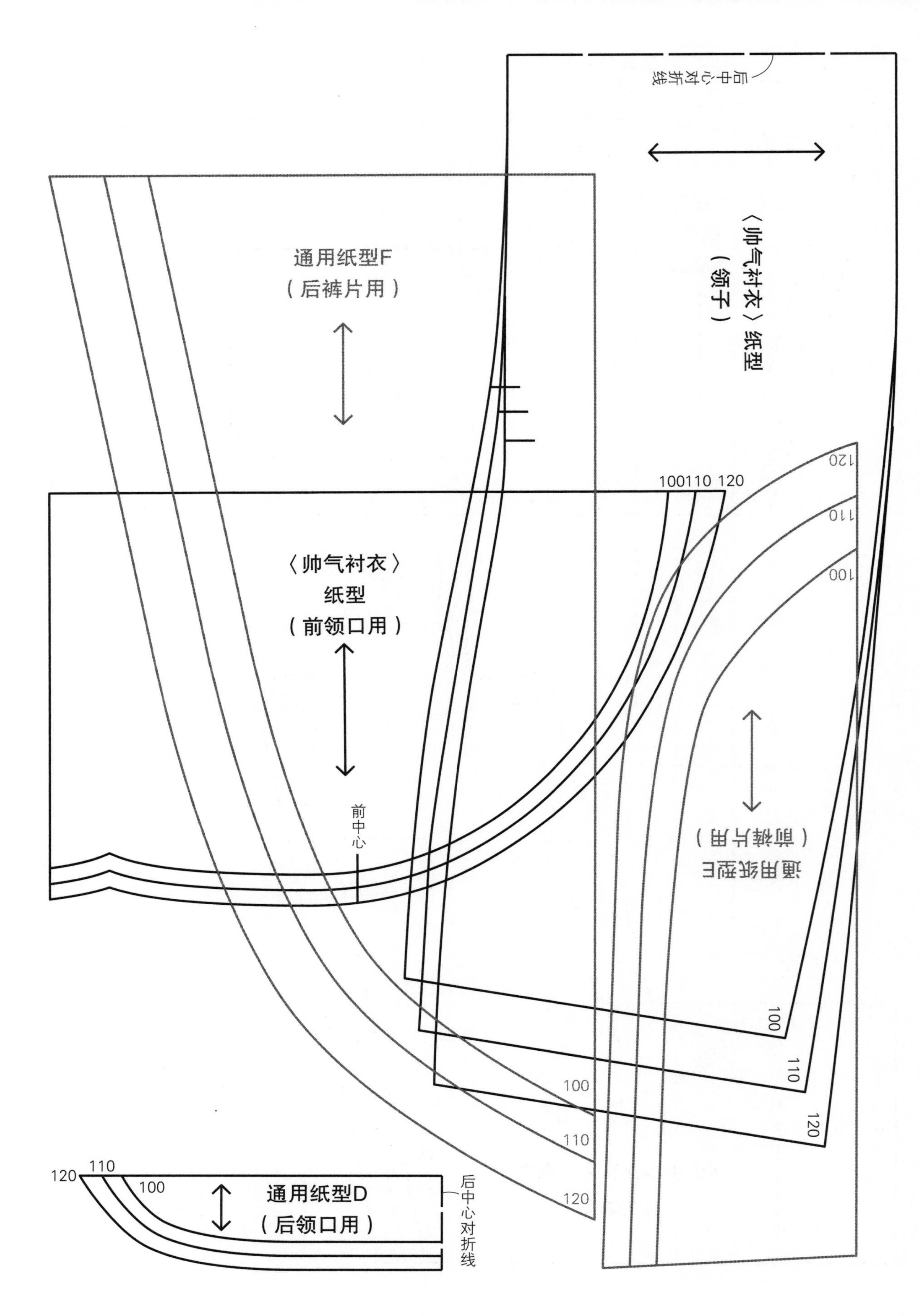
后中心对折线
〈帅气衬衣〉纸型
（领子）
通用纸型F
（后裤片用）
100110 120
120
110
100
〈帅气衬衣〉
纸型
（前领口用）
通用纸型E
（前裤片用）
前中心
100
110
120
100
110
120
120
110
100
通用纸型D
（后领口用）
后中心对折线

p.16、19
两穿V领上衣

●**材料**

表布（原白色平纹织布） 75cm×100cm
里布（横条平纹织布） 75cm×100cm
黏合衬嵌条 1.2cm×1.5cm
纽扣（亚麻双眼包扣） 直径1.2cm 3颗

●**制作方法** ※单位：cm。

1 ①前身片的V形领的反面粘贴黏合衬嵌条。
②表布的前身片和后身片正面相对对齐，缝合肩部。分开缝份。
③里布的前身片和后身片按照步骤②缝合。
2 ①表布的前、后身片和里布的前、后身片正面相对对齐，缝合领口。
②缝份剪牙口，翻到正面。
3 ①对齐★和☆，覆盖前、后身片的左半部分。
②表布和里布的袖窿正面相对对齐缝合。
③翻到正面，另一侧的袖窿按照步骤①、②缝合，并翻到正面。
4 表布的前身片和后身片及里布的前身片和后身片分别正面相对对齐，缝合侧缝。
5 领口和袖窿的边缘机缝压线。
6 表布和里布的下摆向反面折并缝合。
7 表布的左肩缝上纽扣。

〈裁剪图〉 ※单位：cm。
※数字为身高100/110/120cm。

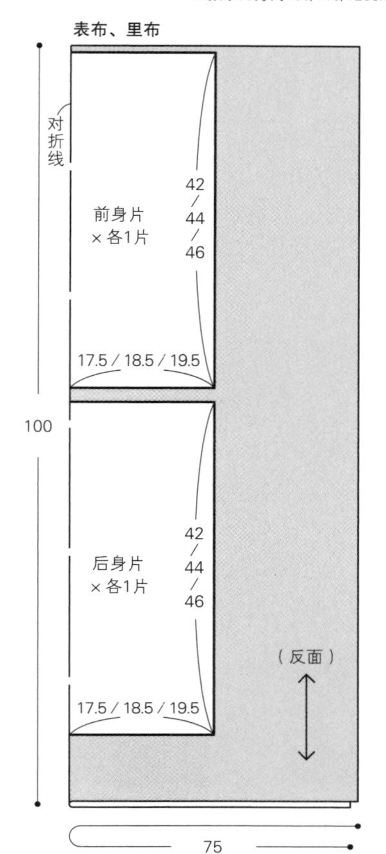

〈提示〉
※▨部分画线，裁剪。

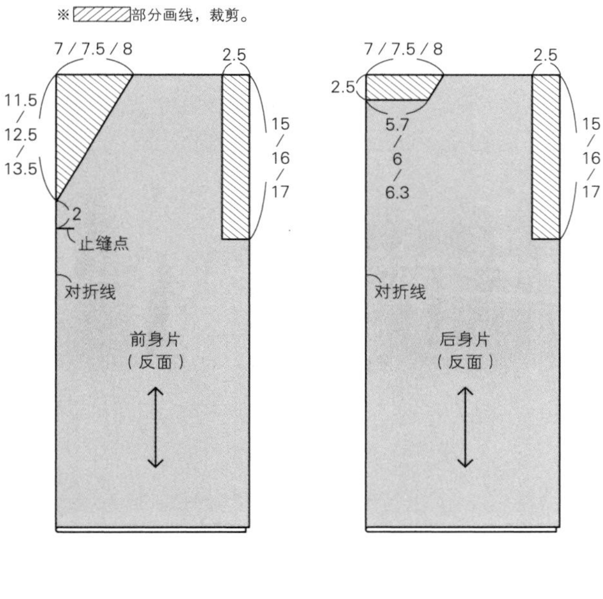

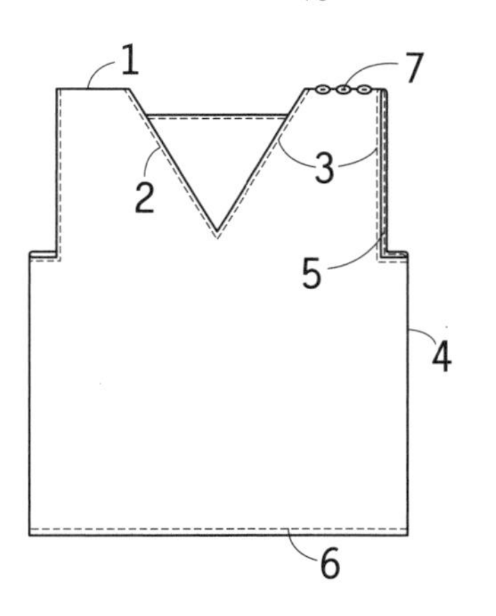

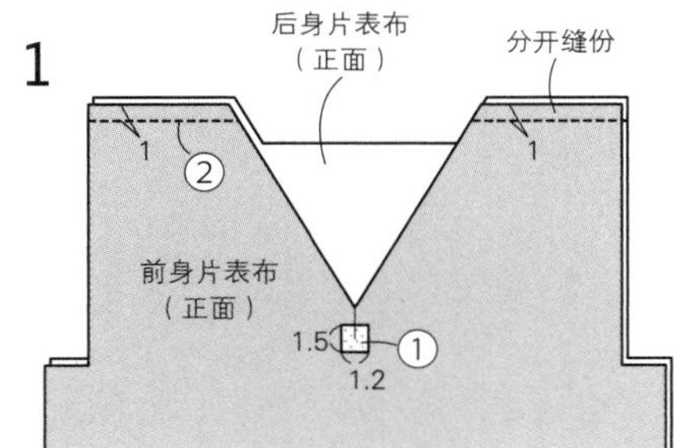

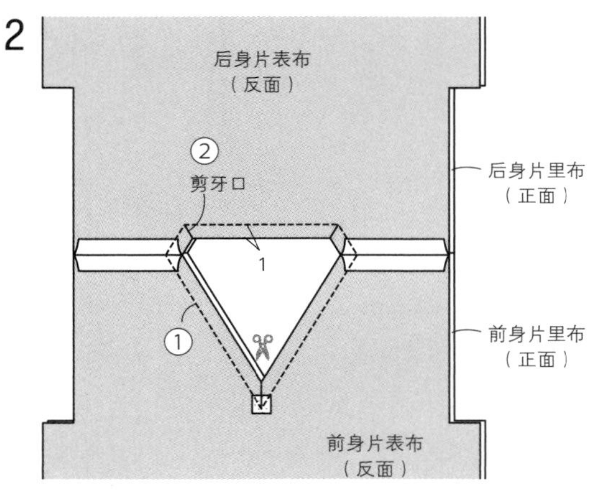

3 ①

后身片表布
（正面）

★ ☆

前身片表布
（正面）

②

后身片里布
（反面）

后身片表布
（反面）

1

☆ ★

前身片里布
（反面）

前身片表布
（反面）

4

前身片里布
（正面）

1 1

后身片里布
（反面）

后身片表布
（反面）

前身片表布
（正面）

5

后身片里布
（正面）

0.5 0.5 0.5

前身片表布
（正面）

6

表布（正面） 0.5

里布（正面）

表布
（正面）

里布
（反面）

1 1

7

后身片表布
（正面）

纽扣

1.2 1.2

前身片表布
（正面）

p. 16

格子短裤

●材料

使用布（彩色格纹布） 108cm宽 100/110/70cm、120/80cm

纽扣 直径2cm 1颗

松紧带 2cm×70cm

●制作方法 ※单位：cm。

1 右前裤片和右后裤片正面相对对齐，缝合侧缝（参照p.50的步骤3-①~②）。左前裤片和左后裤片也同样制作。

2 ①口袋的上边（口袋口侧）向反面折两次并缝合。
②左右两侧及下边依次向反面折，用熨斗熨烫。
③展开前裤片和后裤片，口袋缝于正面。口袋口处回缝几针，用于加固。

3 前裤片和后裤片正面相对对齐，缝合下裆（参照p.50的步骤3-③~⑤）。

4 ①右裤片和左裤片正面相对对齐，留下松紧带穿口，缝合裆部。※缝合2次，用于加固。
②松紧带穿口下侧的缝份剪牙口。分开牙口上方的缝份。
③剪牙口至前裤片侧的边端，2片一起做Z字形锁边缝。缝份压向左裤片侧。

5 ①裤腰部分向反面折两次并缝合。
②纽扣缝于前裤片的裤腰部分的中央。

6 缝合裤脚（参照p.50的步骤6）。

7 裤腰处穿入松紧带（参照p.50的步骤7）。

〈裁剪图〉 ※单位：cm。
※数字为身高100/110/120cm。

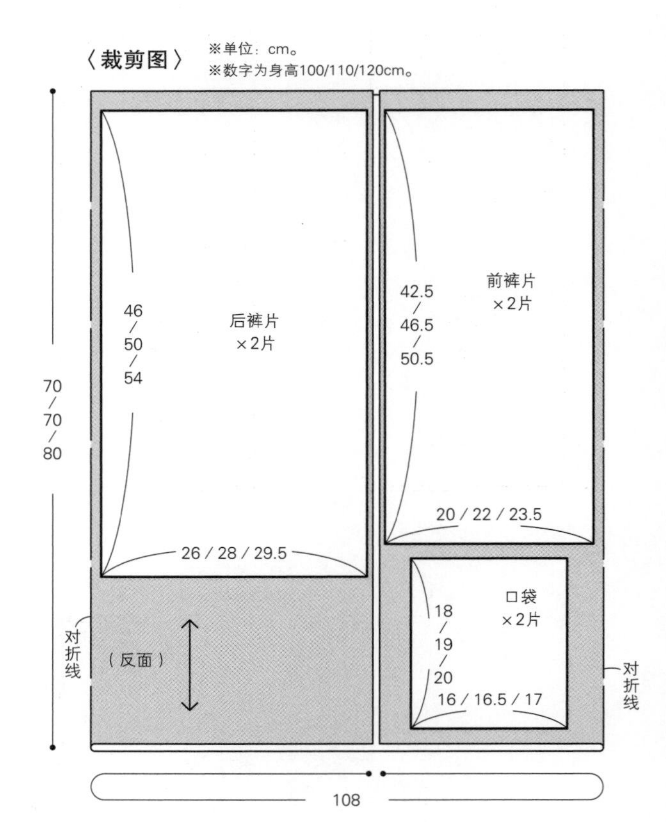

〈提示〉

※单位：cm。
※数字为身高100/110/120cm。
※将通用纸型E、F（p.58）放于指定位置，放上尺子，画延长线至布边，裁剪。
※[斜线]部分画线，裁剪。

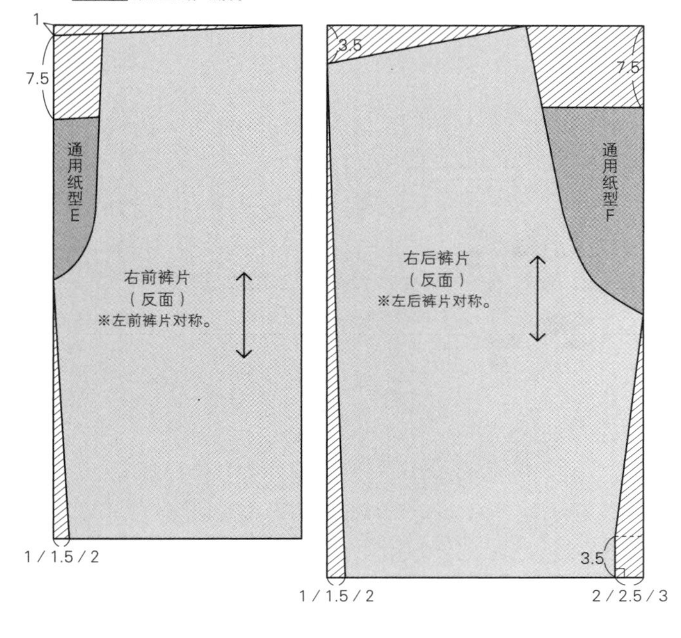

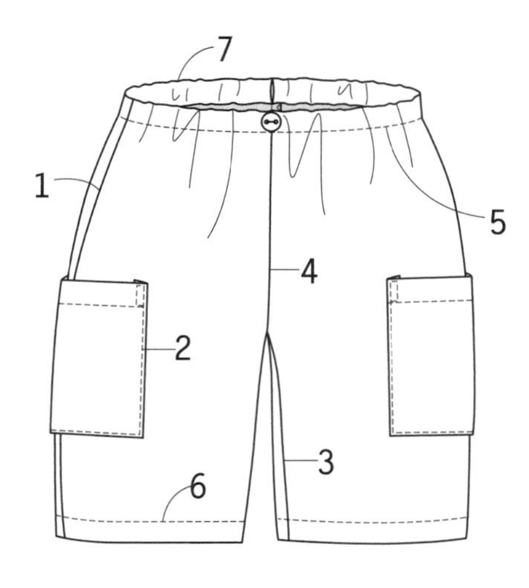

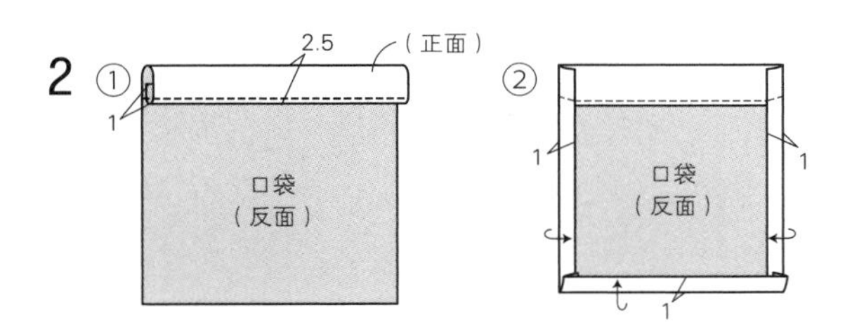

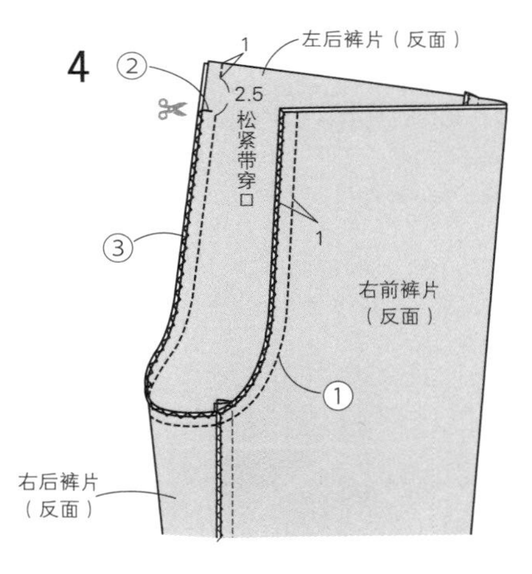

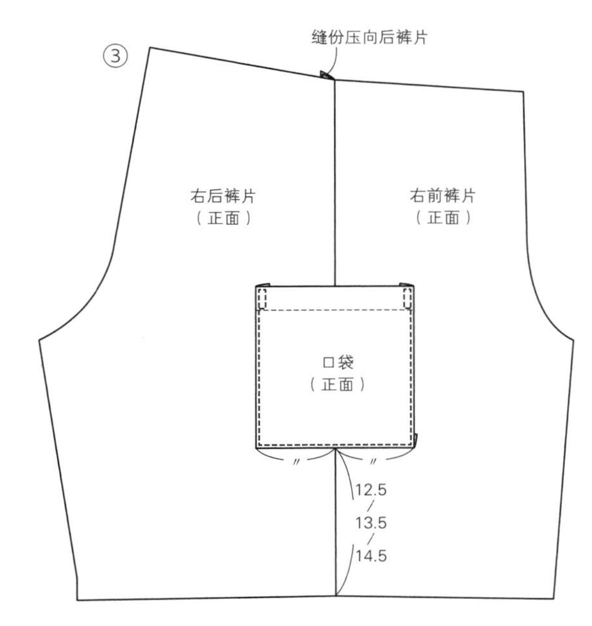

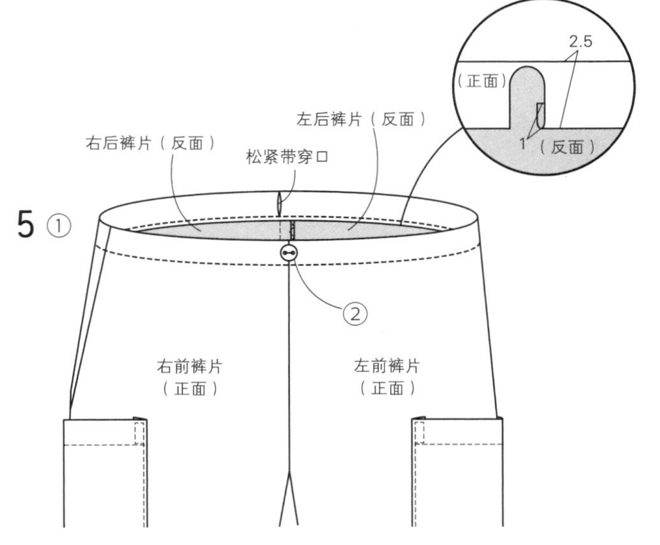

p.13
猫耳朵浴袍

●材料

表布（毛巾布+纱布） 90cm×120m
镶边布（印花棉布） 110cm×20cm
缎带 1.5cm×5cm 2条
按扣 直径1.4cm 1组

●制作方法 ※单位：cm。

1 ①身片的上下两边向反面折两次，缎带对折夹入上边，分别缝合。
 ②镶边布竖直放置，左右两侧向反面折，用熨斗熨烫。接着，对折用熨斗熨出折痕。
 ③展开镶边布一侧的折边，正面相对对齐缝于身片的一端。
 ④镶边布翻到身片的反面，上下两边向反面折。重新折叠镶边布，并将其缝合。

2 ①2片耳朵正面相对对齐，留下返口，缝合四周。
 ②从返口翻到正面。对半折出褶皱，分别缝合。
 ③褶皱倒向外侧。这个部分就是耳朵反面。
 ④耳朵正面朝上，缝于右帽片的正面的耳朵接缝位置。
 ⑤剩余的2片耳朵按照步骤①~③制作，参照步骤④缝于帽子左帽片。

3 ①左、右帽片正面相对对齐并缝合。
 ②2片缝份一起做Z字形锁边缝。
 ③缝份压向右帽片侧，帽口的一端做Z字形锁边缝。
 ④向反面折并缝合。
 ⑤下边做Z字形锁边缝。

4 ①身片和帽片后中心对齐，双线缝合。
 ②分别在缎带上缝上按扣。

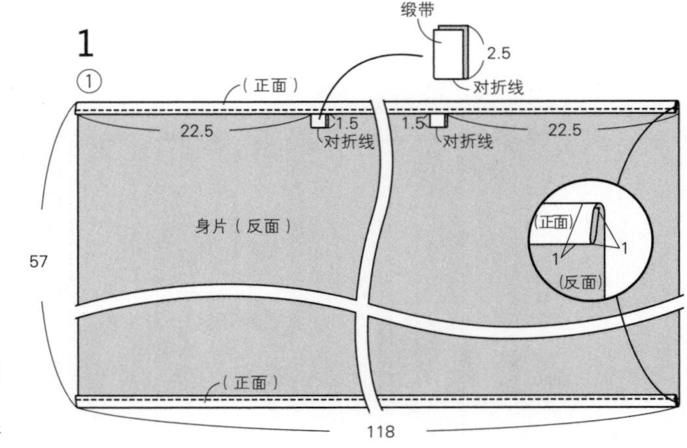

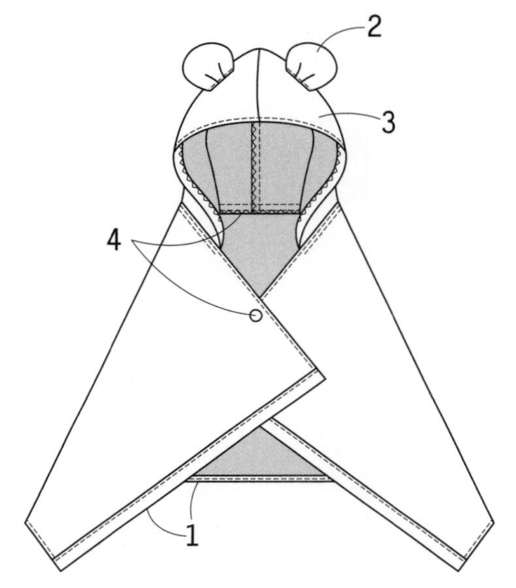

〈裁剪图〉

※单位：cm。
※耳朵使用纸型见p.81。

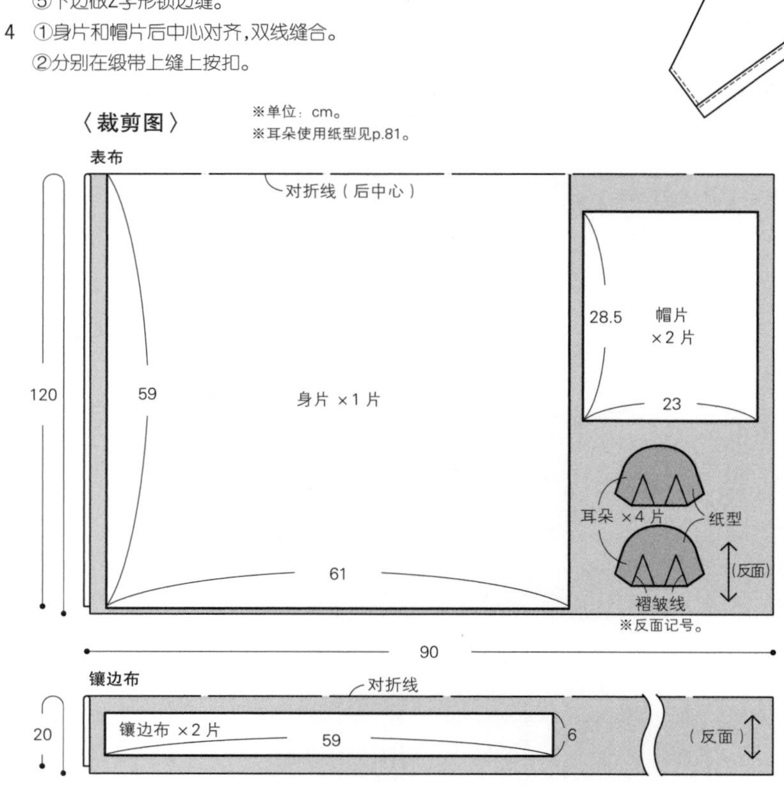

〈提示〉

※单位：cm。
※纸型（p.81）放于指定位置，画线，裁剪。
※▨部分画线，裁剪。

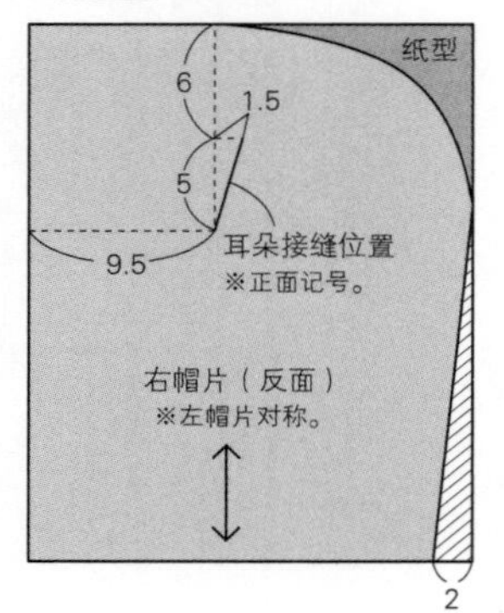

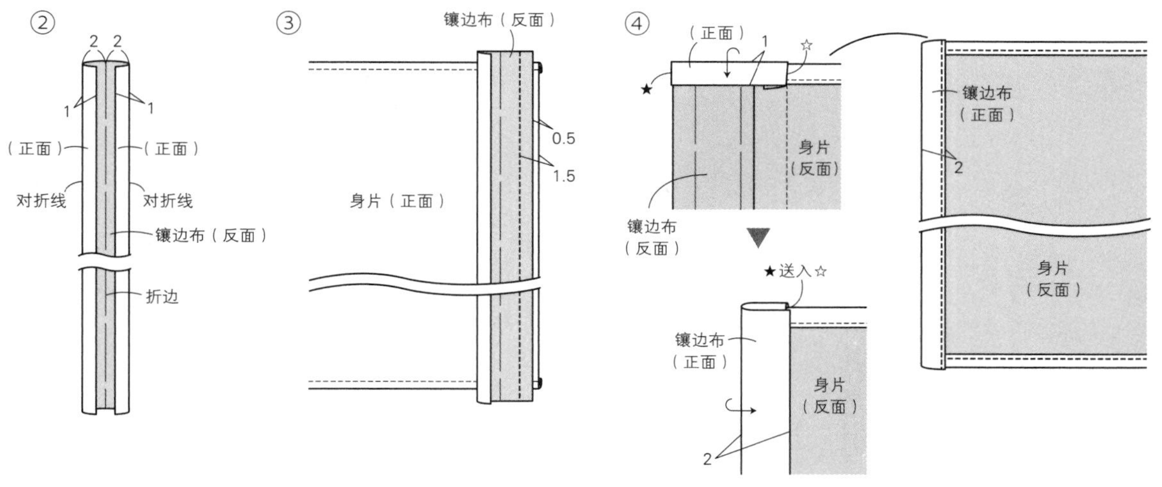
②
2 2
1
1
（正面）
（正面）
对折线
对折线
镶边布（反面）
折边
③
镶边布（反面）
0.5
1.5
身片（正面）
④
（正面）
1
☆
★
身片
（反面）
镶边布
（反面）
★送入☆
镶边布
（正面）
身片
（反面）
2
镶边布
（正面）
2
身片
（反面）

2

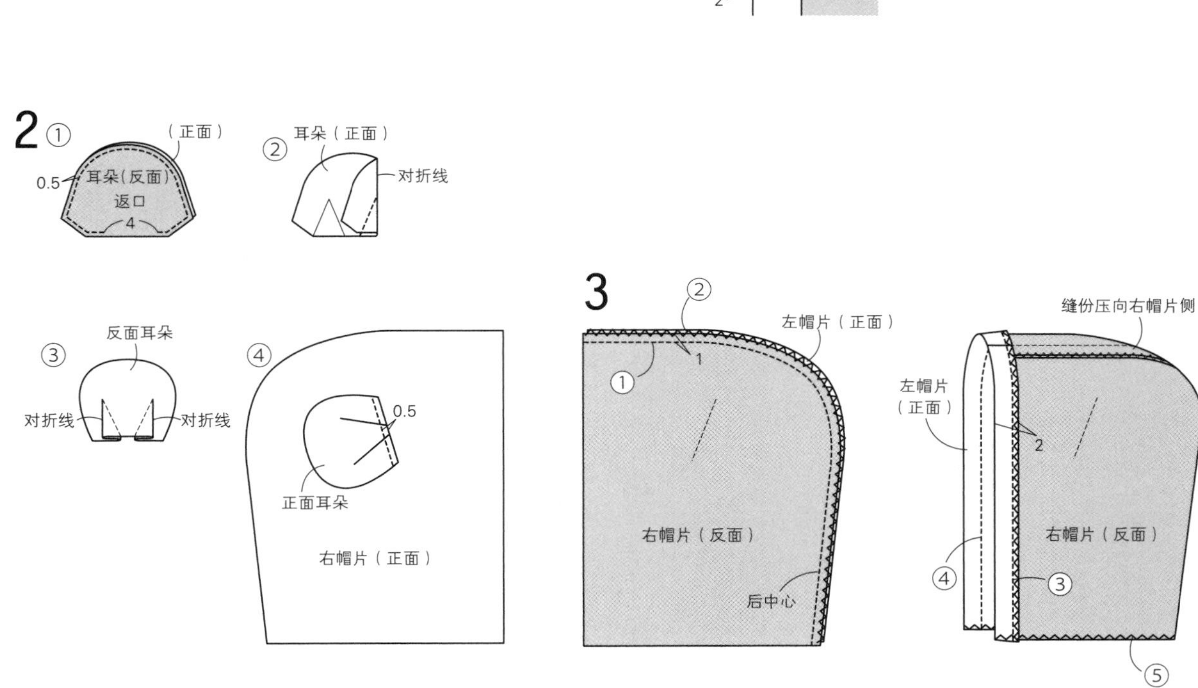
①
（正面）
0.5
耳朵（反面）
返口
4
②
耳朵（正面）
对折线
③
反面耳朵
对折线
对折线
④
0.5
正面耳朵
右帽片（正面）
3
②
左帽片（正面）
1
①
右帽片（反面）
后中心
缝份压向右帽片侧
左帽片
（正面）
2
右帽片（反面）
④
③
⑤

4

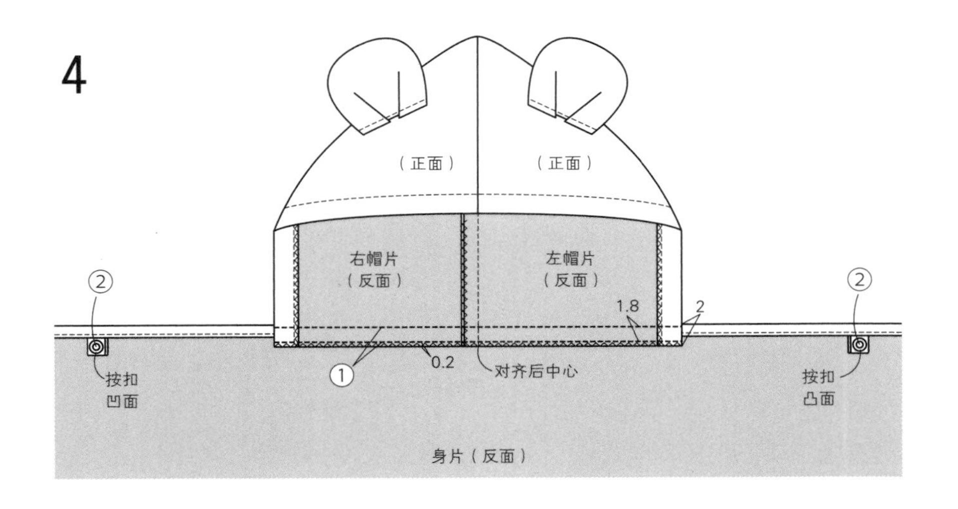
（正面）
（正面）
右帽片
（反面）
左帽片
（反面）
1.8
2
②
②
按扣
凹面
①
0.2
对齐后中心
按扣
凸面
身片（反面）

p. 14

哈伦裤

●材料

使用布（拼接针织布） 82cm × 70cm

松紧带 1.5cm × 70cm

扣环布 1cm × 6cm

●制作方法 ※单位：cm。

1 ①左、右侧缝布和中央布的四周做Z字形锁边缝。
②一片侧缝布和中央布正面相对对齐，缝合至止缝点。
③另一片侧缝布同步骤②，缝合于中央布的另一侧。分别分开缝份。
④折入中央布，同左、右侧缝布的另一侧正面相对对齐缝合。右侧缝布留松紧带穿口，分别缝合至止缝处。分开缝份。

2 侧缝布分别正面相对对齐，缝合下裆。分开缝份。

3 上边向反面折并缝合。

4 ①口袋的上边做Z字形锁边缝，向反面折缝合。
②左右两侧及下边依次向反面折。
③口袋缝于右侧缝布和中央布的接缝侧。口袋口处回缝几针，用于加固。

5 裤脚向反面折并缝合。

6 裤腰处穿入松紧带（参照p.50的步骤7）。

〈裁剪图〉

※单位：cm。
※数字为身高100/110/120cm。

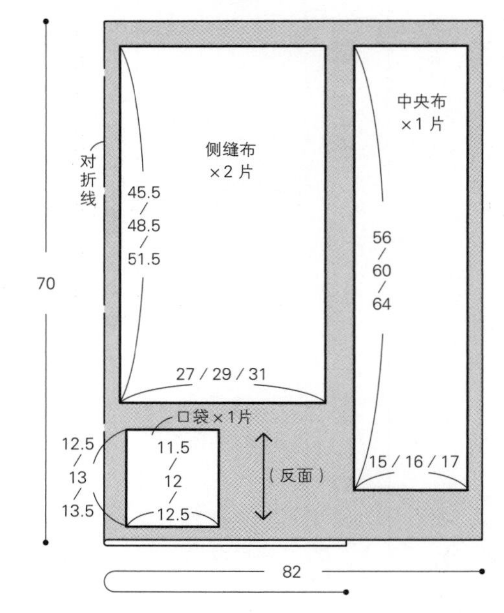

〈准备〉

※单位：cm。
※数字为身高100/110/120cm。
※▨部分画线，裁剪。
※口袋、侧缝布和中央布的正反面颠倒。

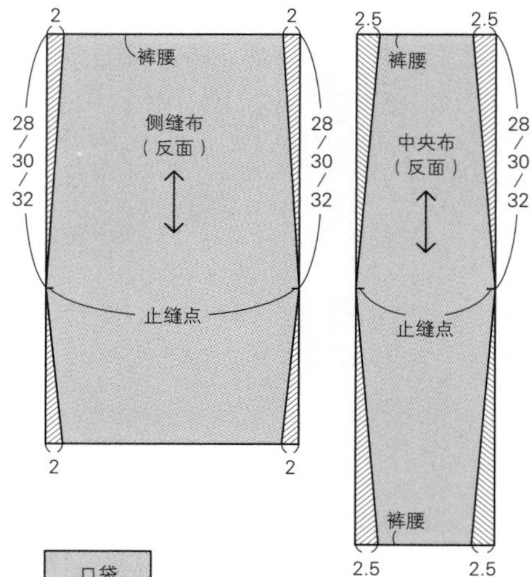

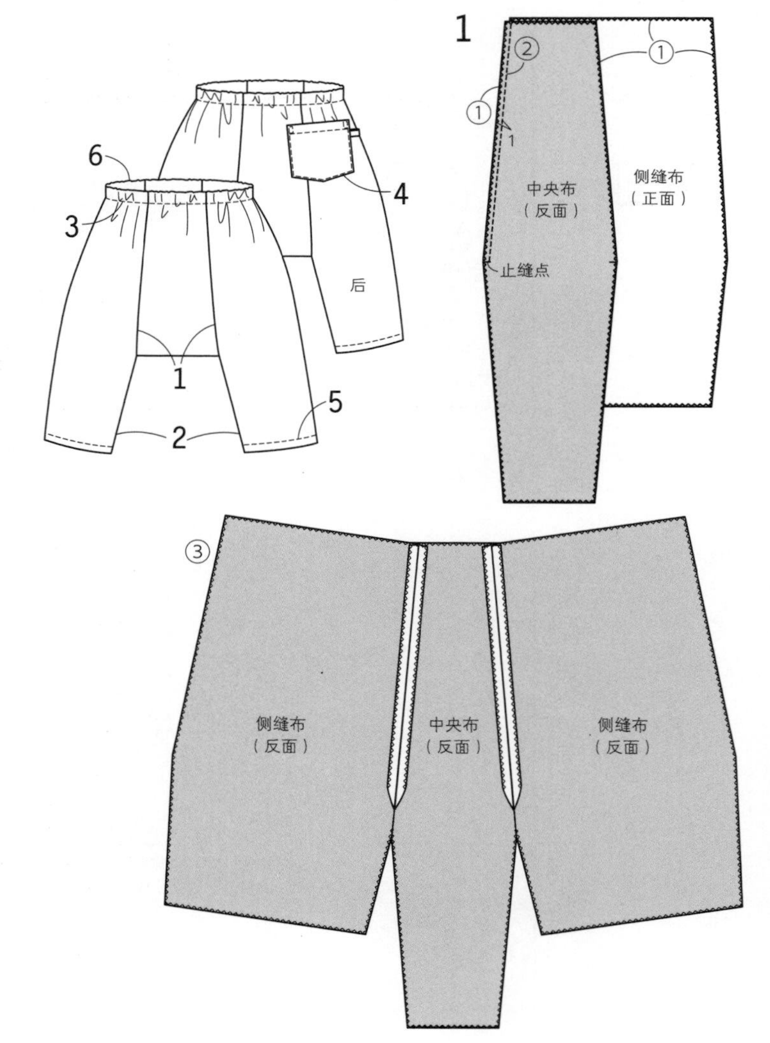

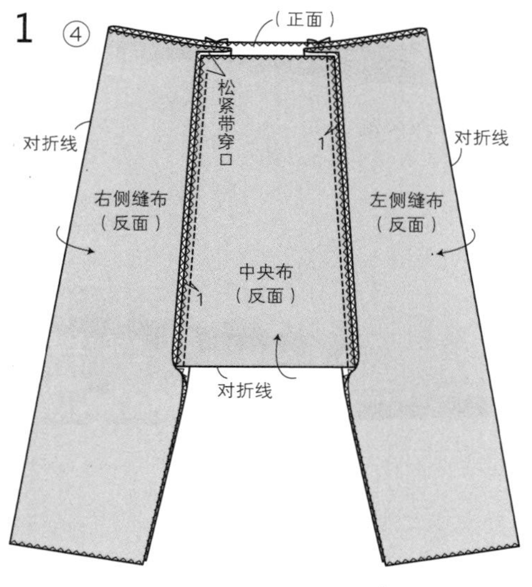

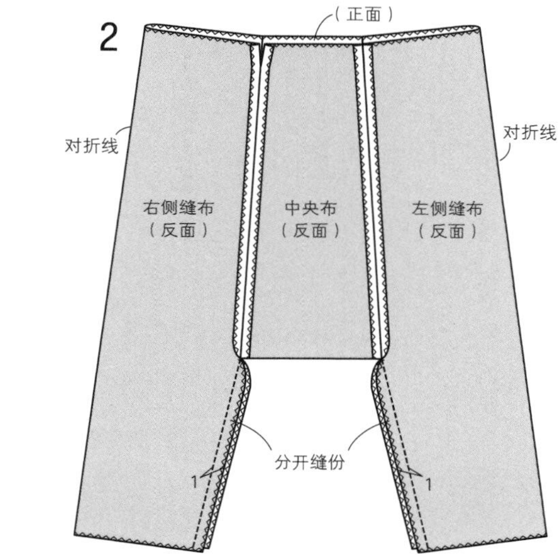

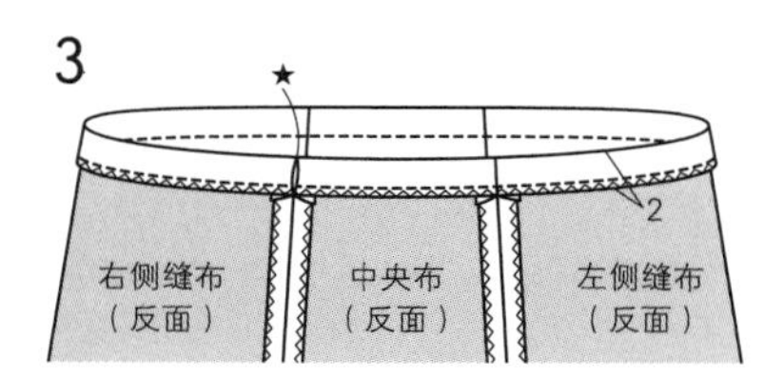

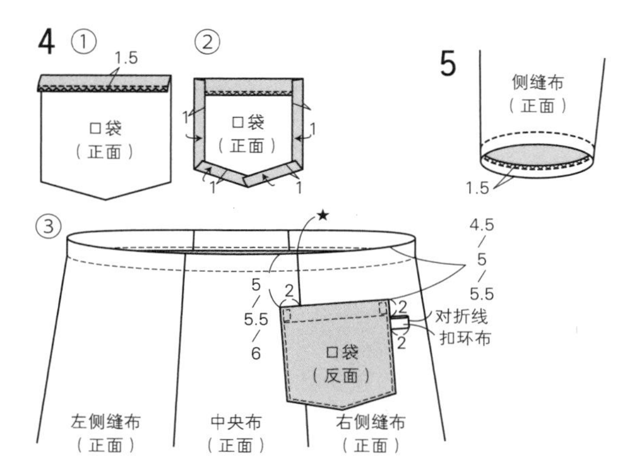

p. 15

条纹连衣裙

●材料

使用布（双层纱布/条纹） 110cm×100cm

缎带 1cm×4.5cm

纽扣（心形） 直径1.5cm 1颗

●制作方法 ※单位：cm。

1 ①右后身片和左后身片的后开衩侧的一端分别做Z字形锁边缝。
 ②右后身片和左后身片正面相对对齐，缝合至开口止缝点。

2 ①一片斜裁布的上下两边向反面折，用熨斗熨烫。
 ②展开步骤①一侧的折边，正面相对对齐缝于前身片的领口。斜裁布的多出部分剪掉。
 ③重新折叠斜裁布的折边，折至前身片的反面缝合。

3 ①纽襻的上下两边向反面折，用熨斗熨烫。
 ②对折，缝合一端。

4 ①剩余的斜裁布的长度剪掉一半，分别将上下两边向反面折，用熨斗熨烫（参照步骤2-①）。
 ②展开步骤①一侧的折边，分别正面相对对齐缝于左、右后身片的领口（参照步骤2-②）。斜裁布的多出部分剪掉。
 ③重新折叠斜裁布。纽襻对折，接缝于左后身片的正面。
 ④左、右后身片的后开衩侧分别向反面折。
 ⑤斜裁布折至左、右后身片的反面，分别缝合。
 ⑥缝合开口。

5 ①前身片和后身片正面相对对齐，缝合肩部。
 ②2片缝份一起做Z字形锁边缝。

6 ①前、后身片的左右两侧做Z字形锁边缝。
 ②前身片和后身片正面相对对齐，缝合侧缝至止缝点。

7 袖口向反面折并缝合。

8 ①口袋的上边向反面折两次并缝合。
 ②口袋左右两侧及下边依次向反面折，用熨斗熨烫。
 ③口袋缝于裙片的正面。口袋口处回缝几针，用于加固。
 ※缎带对折，夹入左侧。

9 ①裙片的左右两侧做Z字形锁边缝。
 ②裙片上边的抽褶止缝点之间用双线大针脚机缝。
 ③裙片正面相对对齐缝合（参照p.40的步骤8-③）。
 ④下摆向反面折两次并缝合。

10 ①裙片抽褶同前、后身片，正面相对对齐并缝合。
 ②2片缝份一起做Z字形锁边缝。缝份压向身片侧。

11 纽扣缝于右后身片。

〈裁剪图〉 ※单位：cm。
※数字为身高100/110/120cm。

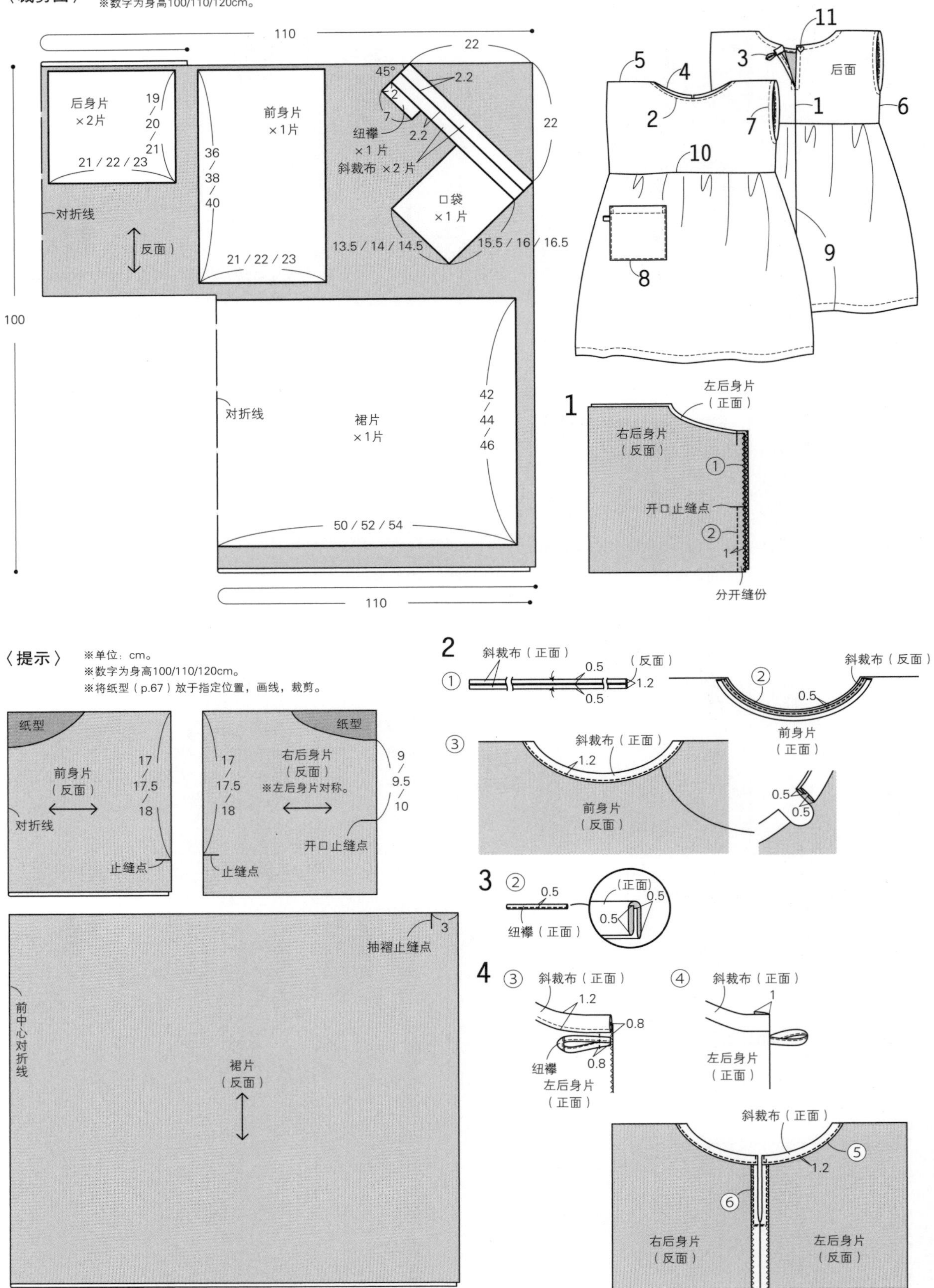

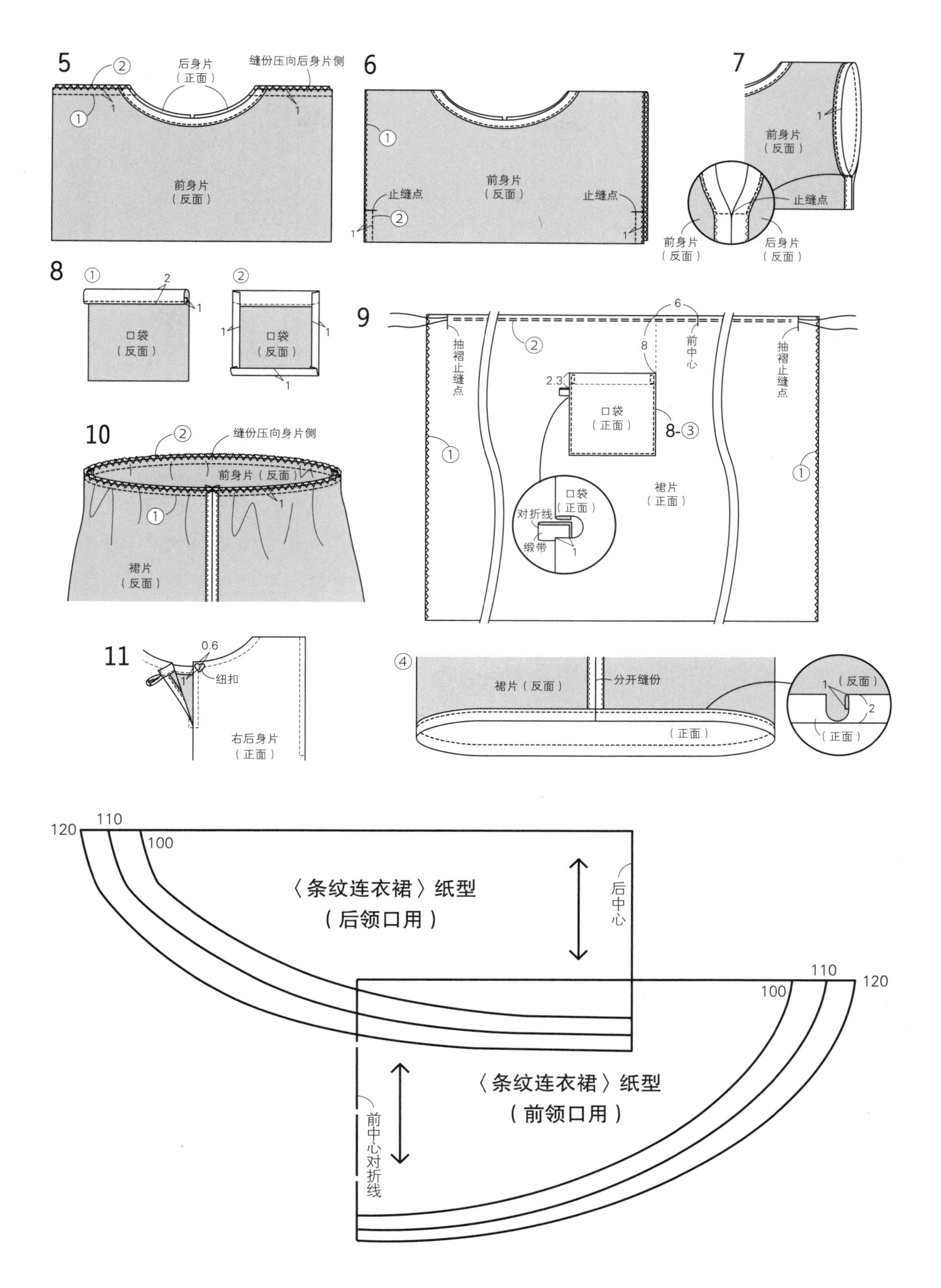
5
②
后身片
（正面）
缝份压向后身片侧
①
1
1
前身片
（反面）
6
①
前身片
（反面）
止缝点
止缝点
②
1
1
7
1
前身片
（反面）
止缝点
前身片
（反面）
后身片
（反面）
8
①
2
1
口袋
（反面）
②
1
1
口袋
（反面）
1
9
6
②
8
前中心
抽褶止缝点
抽褶止缝点
2.3
口袋
（正面）
8-③
①
①
口袋
（正面）
对折线
缎带
1
裙片
（正面）
10
②
缝份压向身片侧
前身片（反面）
1
①
裙片
（反面）
11
0.6
1
纽扣
右后身片
（正面）
④
裙片（反面）
分开缝份
（正面）
1
（反面）
2
（正面）
120
110
100
〈条纹连衣裙〉纸型
（后领口用）
后中心
110
120
100
〈条纹连衣裙〉纸型
（前领口用）
前中心对折线

p. 17
格纹背心裙

●材料

使用布（格子棉布） 110cm×110cm
纽扣　直径1cm　2颗

●制作方法　※单位：cm。

1 ①肩带表布和肩带里布正面相对对齐，缝合两端。
②翻到正面，用熨斗熨烫整形。
2 ①正面相对以对角线对折纽襻，平行对角线平针缝。打结之后剪掉多余部分，针从针孔穿入缝合的部分，翻到正面。
②对折，用珠针固定，用熨斗熨烫整形。
3 ①将肩带和纽襻缝于育克表布。
②育克里布的下边向反面折，同步骤①正面相对对齐缝合。
③翻到正面，调整形状。
4 后开衩剪牙口至开口止缝点，缝合后开衩用斜裁布（参照p.46的步骤5-①~⑥）。
5 ①前身片和后身片正面相对对齐，缝合侧缝。
②2片缝份一起做Z字形锁边缝。缝份压向后身片侧。
6 ①前、后身片的上边双线大针脚机缝，用于制作褶皱。
②抽褶，同育克表布正面相对对齐并缝合。
※注意不能同育克里布一起缝合。
③育克翻起至上侧，育克里布的反面加入步骤②的缝份，缝合。
7 下摆向反面折两次并缝合。
8 后开衩的左侧缝上纽扣。

〈裁剪图〉 ※单位：cm。
※数字为身高100/110/120cm。

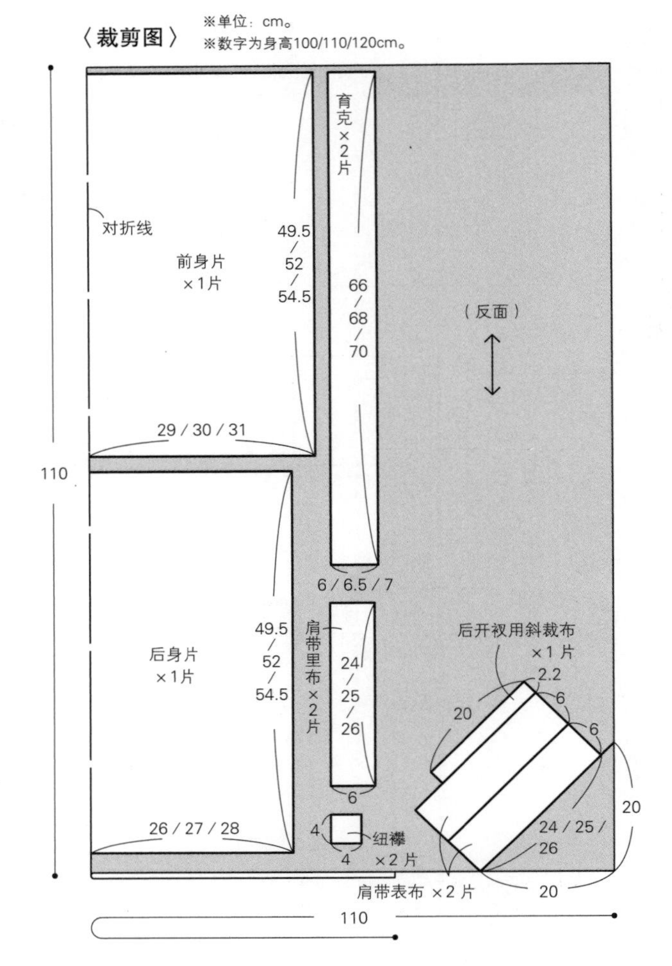

〈提示〉 ※单位：cm。
※数字为身高100/110/120cm。
※▨部分画线，裁剪。

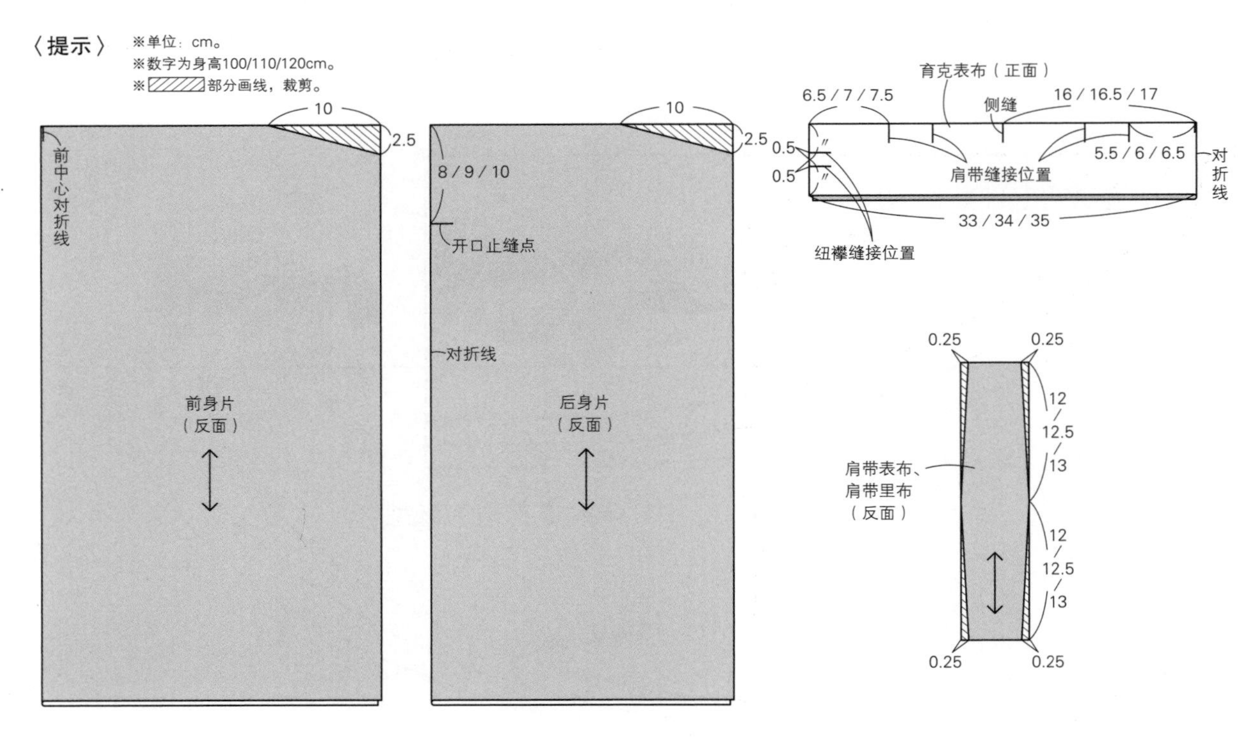

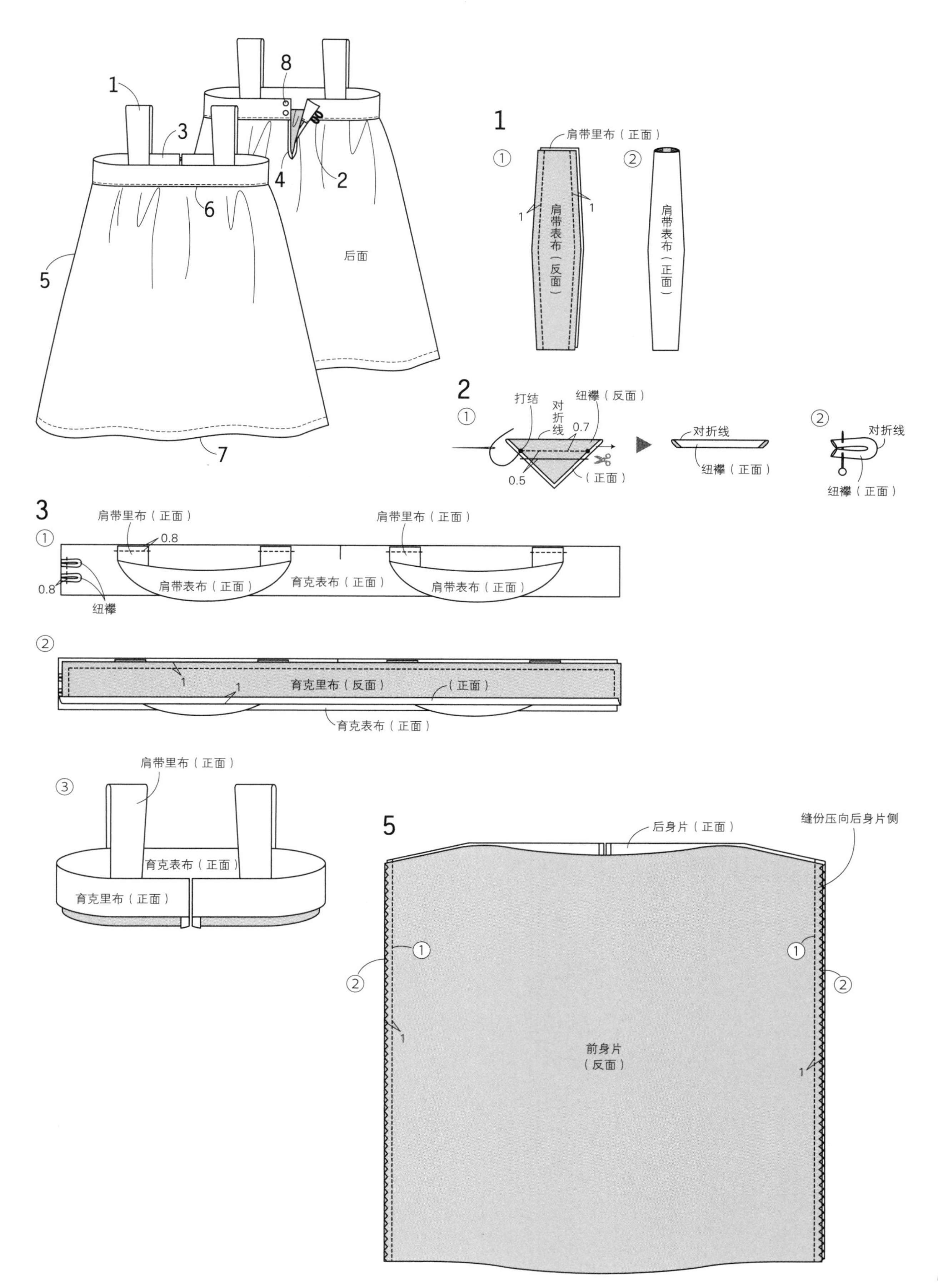
1
3
8
4
2
6
5
后面
7
1
肩带里布（正面）
①
②
1
1
肩带表布（反面）
肩带表布（正面）
2
①
打结
对折线
0.7
纽襻（反面）
0.5
（正面）
对折线
纽襻（正面）
②
对折线
纽襻（正面）
3
①
肩带里布（正面）
0.8
肩带里布（正面）
0.8
纽襻
肩带表布（正面）
育克表布（正面）
肩带表布（正面）
②
1
1
育克里布（反面）
（正面）
育克表布（正面）
③
肩带里布（正面）
育克表布（正面）
育克里布（正面）
5
后身片（正面）
缝份压向后身片侧
①
②
1
前身片
（反面）
①
②
1

6 ①

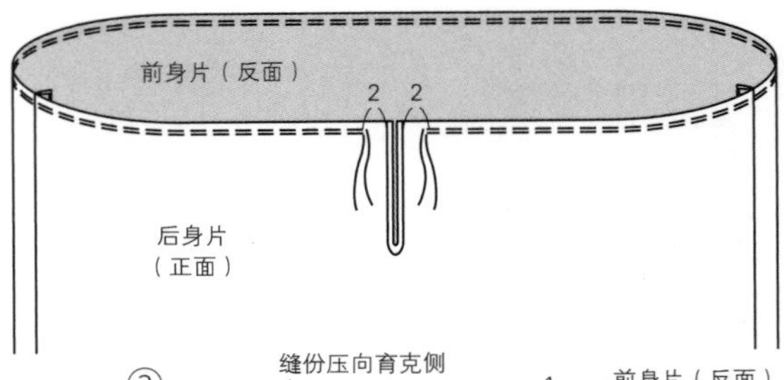

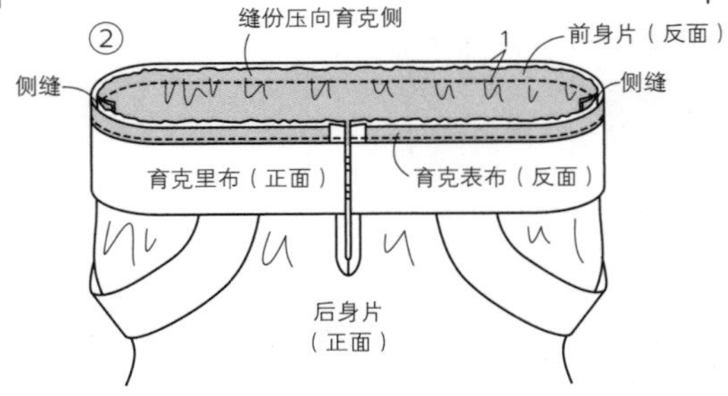

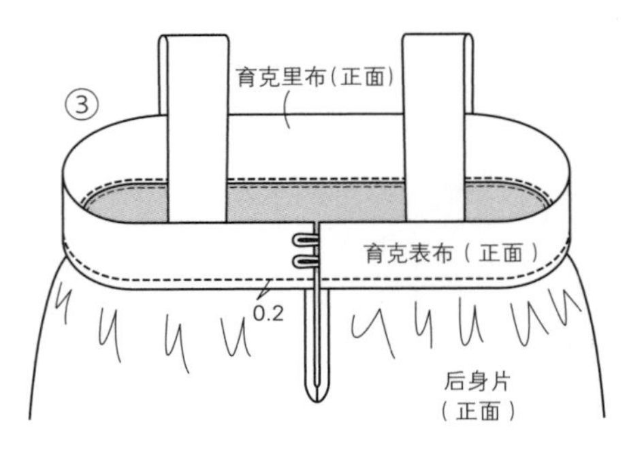

7 ①

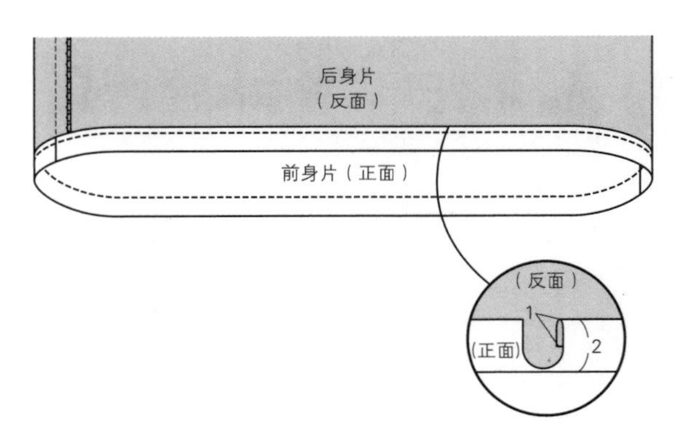

8

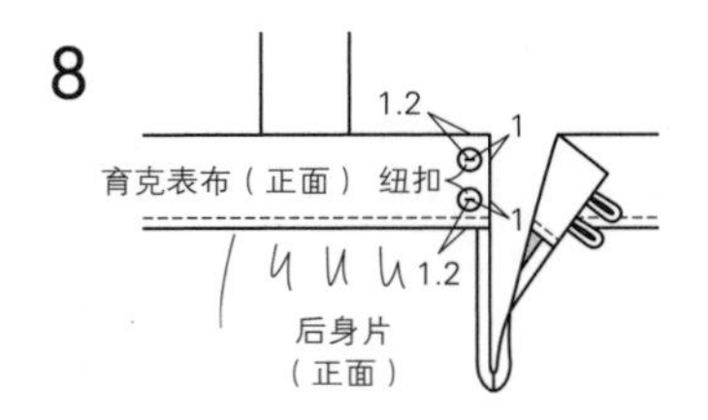

p. 17

午餐袋

●材料

表布（防水布） 110cm×60cm

里布（棉华夫布） 110cm×60cm

缎带（扣环用） 1.8cm×7cm

●制作方法 ※单位：cm。

1 ①2片表布的侧面正面相对对齐，缎带对折嵌入并缝合。分开缝份。
※熨烫时使用低温。
②2片里布的侧面正面相对对齐，留下返口缝合。分开缝份。

2 ①表布的侧面和底部正面相对对齐缝合，弯曲的缝份侧剪牙口。
②里布的侧面和底部同样按照步骤①的方法制作。

3 ①提手的上下两边向反面折，再对折一次，并缝合两端。
②将提手裁剪成两个，两端斜着裁剪。
③提手的★或♥朝向外侧，分别缝于侧面。

4 表布和里布正面相对对齐，缝合袋口。

5 ①从返口翻到正面，梯形缝缝合固定。
②缝合袋口。

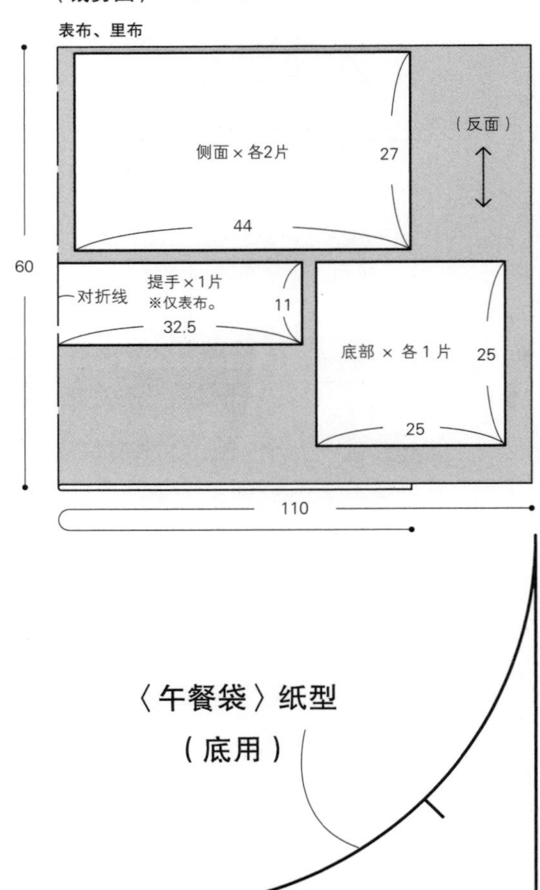

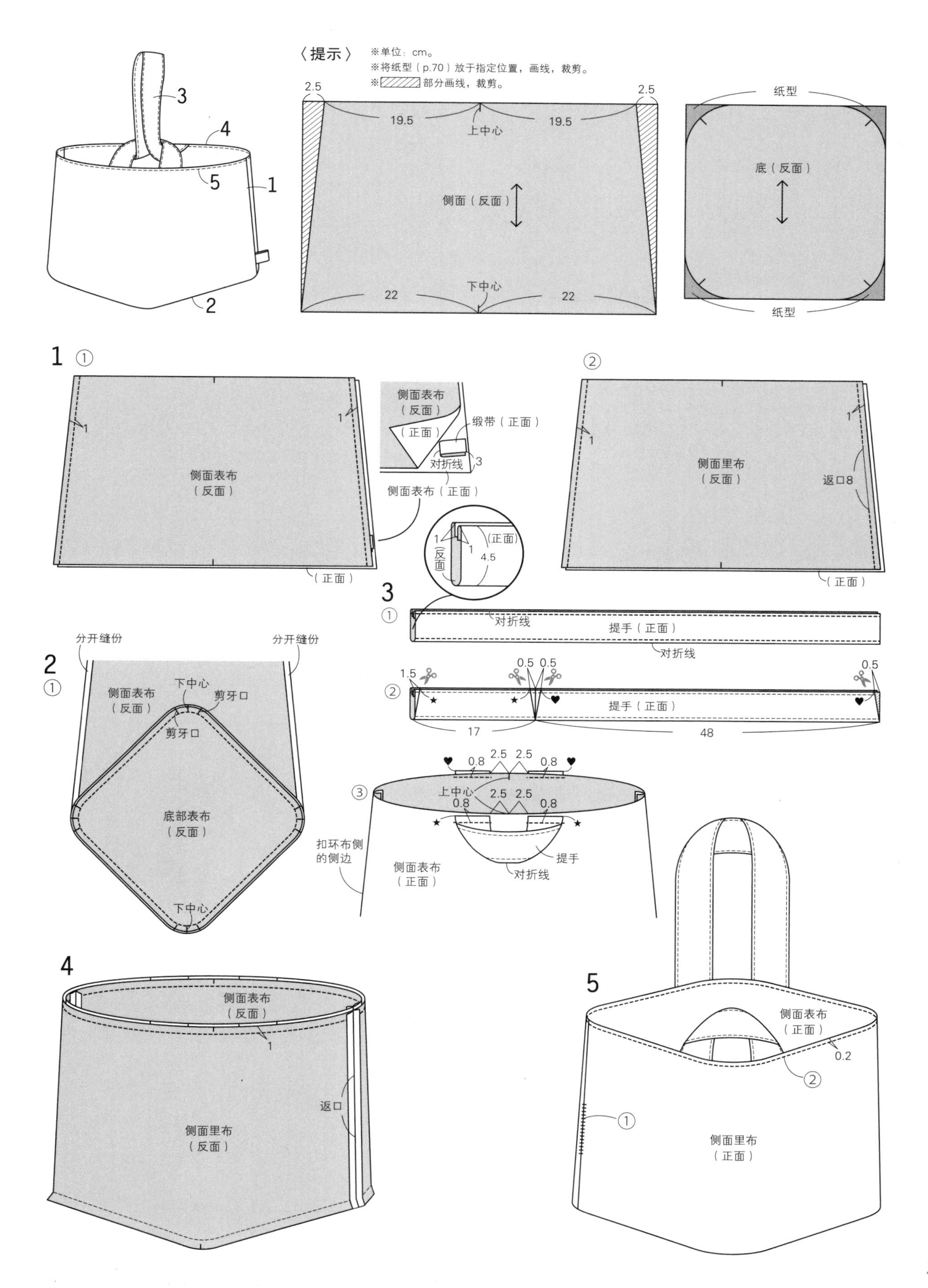

3
4
5
1
2
〈提示〉
※单位：cm。
※将纸型（p.70）放于指定位置，画线，裁剪。
※ 部分画线，裁剪。
2.5
2.5
19.5
19.5
上中心
侧面（反面）
下中心
22
22
纸型
底（反面）
纸型
1 ①
1
1
侧面表布
（反面）
（正面）
侧面表布
（反面）
（正面）
缎带（正面）
对折线
3
侧面表布（正面）
②
1
1
侧面里布
（反面）
返口8
（正面）
1
1
(正面)
反面
4.5
3
①
对折线
提手（正面）
对折线
②
1.5
0.5 0.5
0.5
提手（正面）
17
48
2
①
分开缝份
分开缝份
侧面表布
（反面）
下中心
剪牙口
剪牙口
底部表布
（反面）
下中心
③
0.8
2.5 2.5
0.8
上中心
0.8
2.5 2.5
0.8
扣环布侧
的侧边
侧面表布
（正面）
提手
对折线
4
侧面表布
（反面）
1
返口
侧面里布
（反面）
5
侧面表布
（正面）
0.2
②
①
侧面里布
（正面）

p.18
条纹T恤

●材料

使用布（平针织条纹棉布） 75cm×70cm

扣环布　1.8cm×6cm

●制作方法　※单位：cm。

1　①前身片和后身片正面相对对齐，缝合肩部。
　②2片缝份一起做Z字形锁边缝。

2　①领子反面相对，长边对长边对折，用熨斗熨出折痕。展开，正面相对对齐，缝合。
　②折叠折边。
　③展开步骤1的身片，在正面缝合领子。
　④3片缝份一起做Z字形锁边缝。缝份压向身片侧。

3　①前、后身片和袖子的周围分别做Z字形锁边缝。
　②袖子正面相对对齐前、后身片，缝合至袖窿止缝点。

4　①袖子正面相对对齐，缝合袖下至袖窿止缝点。
　②前、后身片正面相对对齐，缝合侧缝至袖窿止缝点。
　※仅左侧缝将扣环布对折夹入。

5　袖口向反面折并缝合。

6　下摆向反面折并缝合。

〈提示〉

※单位：cm。
※数字为身高100/110/120cm。
※将通用纸型G、H（p.73）放于指定位置，画线，裁剪。

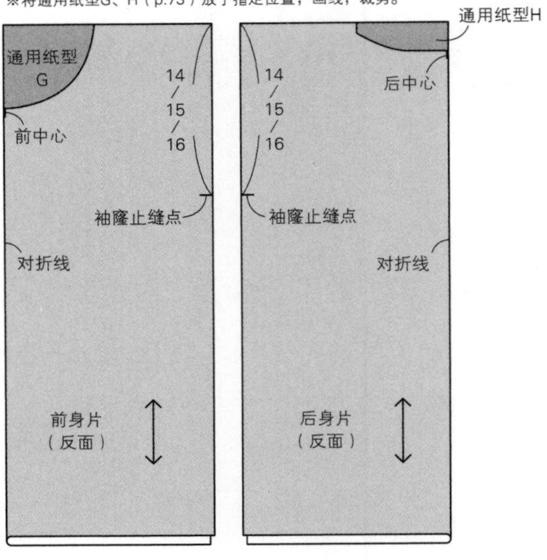

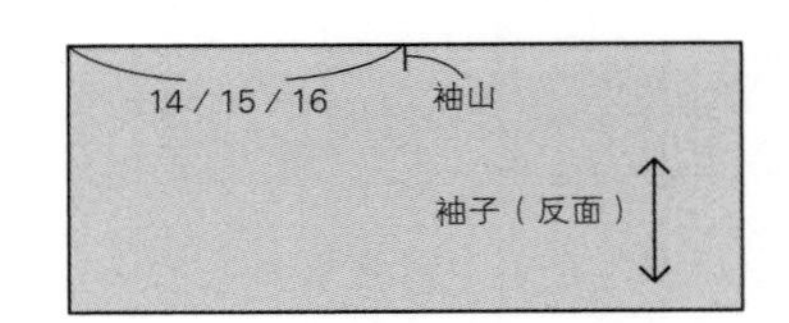

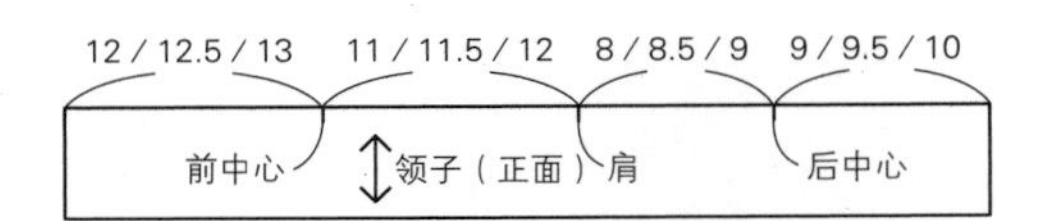

〈裁剪图〉　※单位：cm。
※数字为身高100/110/120cm。

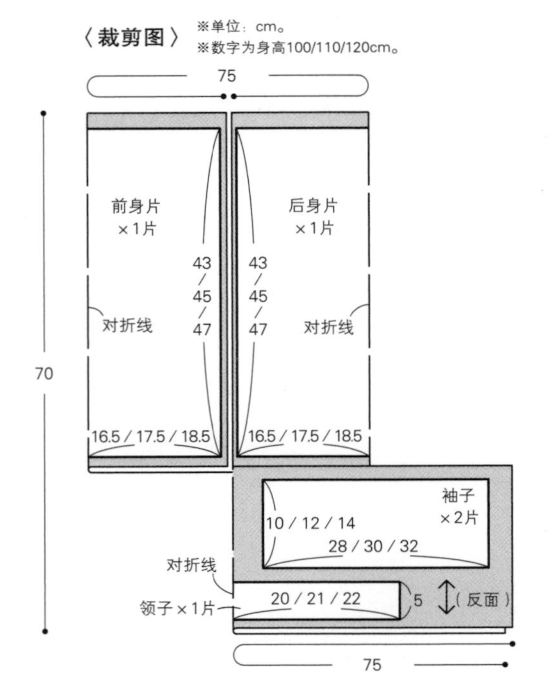

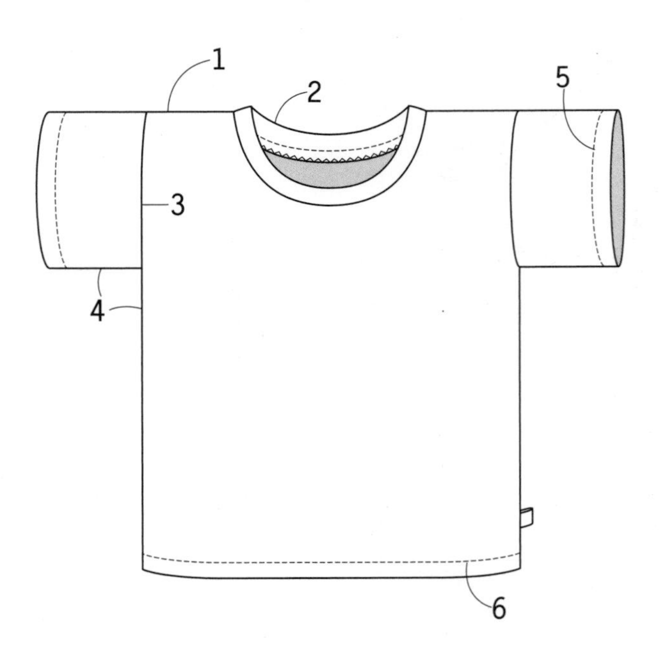

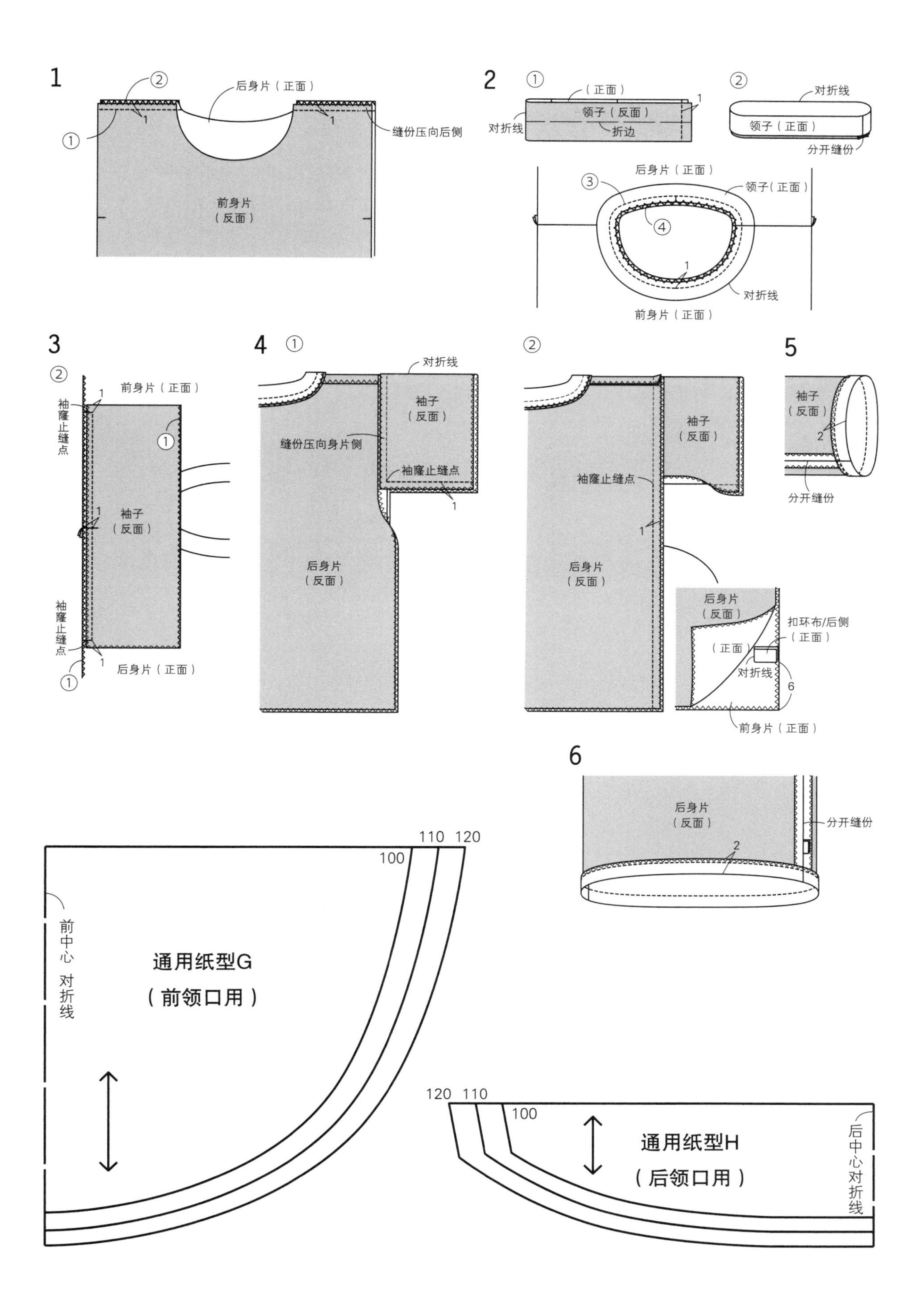
1
②
后身片（正面）
1
1
①
缝份压向后侧
前身片
（反面）
2
①
（正面）
1
领子（反面）
对折线
折边
②
对折线
领子（正面）
分开缝份
后身片（正面）
③
领子（正面）
④
1
对折线
前身片（正面）
3
②
前身片（正面）
1
袖窿止缝点
①
1
袖子
（反面）
袖窿止缝点
①
1
后身片（正面）
4
①
对折线
袖子
（反面）
缝份压向身片侧
袖窿止缝点
1
后身片
（反面）
②
袖子
（反面）
袖窿止缝点
1
后身片
（反面）
后身片
（反面）
扣环布/后侧
（正面）
（正面）
对折线
6
前身片（正面）
5
袖子
（反面）
2
分开缝份
6
后身片
（反面）
分开缝份
2
110 120
100
前中心 对折线
通用纸型G
（前领口用）
120 110
100
通用纸型H
（后领口用）
后中心对折线

p.19

荷叶边罩衣

●材料

使用布（印染亚麻布） 140cm×70cm

黏合衬 40cm×20cm

纽扣 直径1.3cm 1颗

缎带 3.5cm×21cm、3.5cm×6cm

细绳（纽襻用） 4cm

●制作方法 ※单位：cm。

1 ①前贴边和后贴边正面相对对齐，缝合肩部。
 ②剪掉多余的缝份，四周做Z字形锁边缝。
 ③开口贴边的四周做Z字形锁边缝。
 ④开口贴边放在2片前贴边之间，缝合。

2 ①前身片和后身片正面相对对齐，缝合肩部。
 ②2片缝份一起做Z字形锁边缝。缝份压向后身片侧。

3 ①前、后身片的领口和步骤1的贴边正面相对对齐，细绳对折夹入距离开口贴边左侧上方2cm位置缝合（参照p.93的步骤4-①~③）。
 ②领口的缝份剪牙口。
 ③剪牙口至开口止缝点，再剪Y字形的牙口。
 ④贴边折至前、后身片的反面，缝合领口和后开衩。

4 缝合侧缝（参照p.65的步骤6）。

5 缝合袖口（参照p.65的步骤7）。

6 ①左、右前荷叶边和后荷叶边正面相对对齐，缝合侧缝。
 ②2片缝份一起做Z字形锁边缝。
 ③左、右前荷叶边的斜边分别向反面折两次并缝合。
 ④同步骤③一样，下摆向反面折两次并缝合。
 ⑤前、后荷叶边的上边用双线大针脚机缝，用于抽褶。

7 ①前、后荷叶边抽褶，同前、后身片正面相对对齐缝合。左、右荷叶边重合1cm。
 ②2片缝份一起做Z字形锁边缝。

8 纽扣缝于后开衩的右侧。

9 ①21cm的缎带边缘重合1cm制作成环形，缝合中心。
 ②折叠6cm缎带的两端，制作成1.5cm宽，缠绕缝合于步骤①的中心。
 ③缝于前中心的上身片和下身片的拼接部分（参照成品图）。

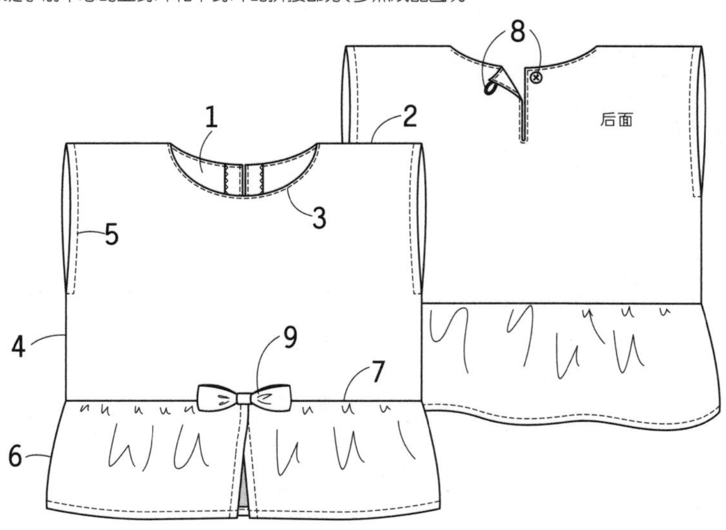

〈裁剪图〉

※单位：cm。
※数字为身高100/110/120cm。
※开口贴边使用通用纸型I（p.82），前贴边和后贴边使用纸型（p.82）。
※▒部分的反面贴黏合衬。

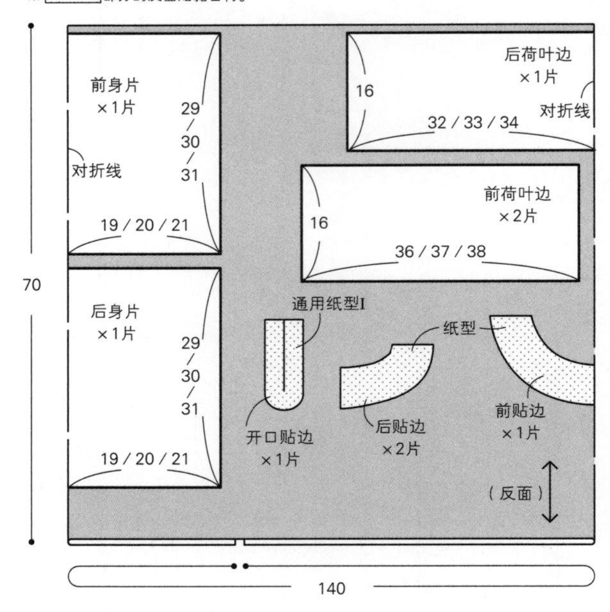

〈提示〉

※单位：cm。
※数字为身高100/110/120cm。
※将纸型（p.82）放于指定位置，画线，裁剪。
※▨部分画线，裁剪。

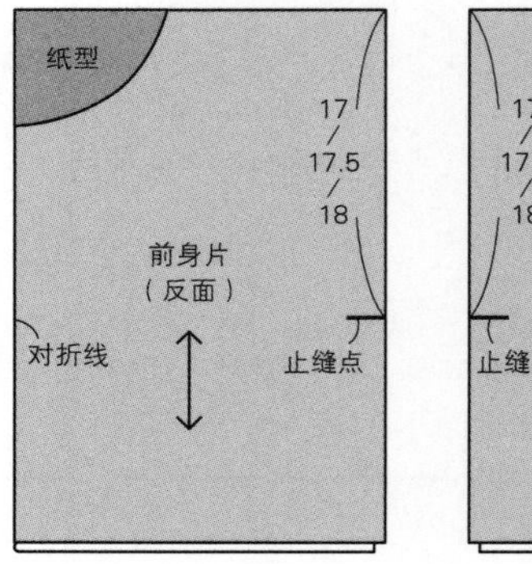

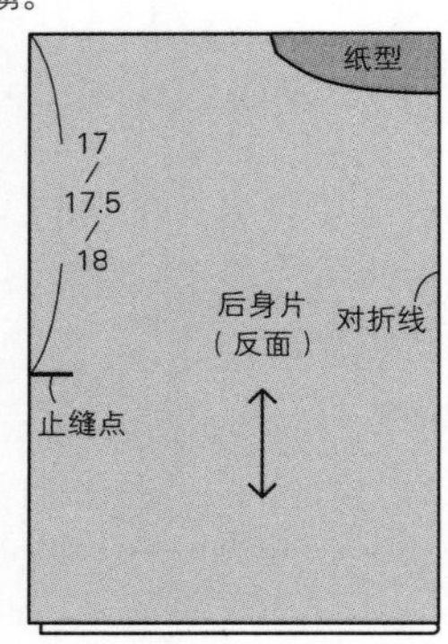

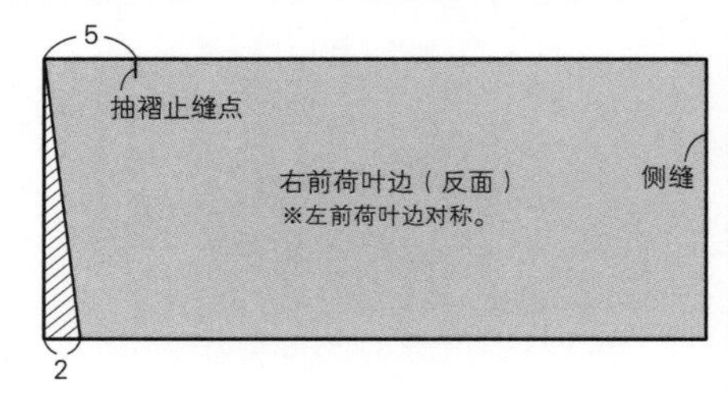

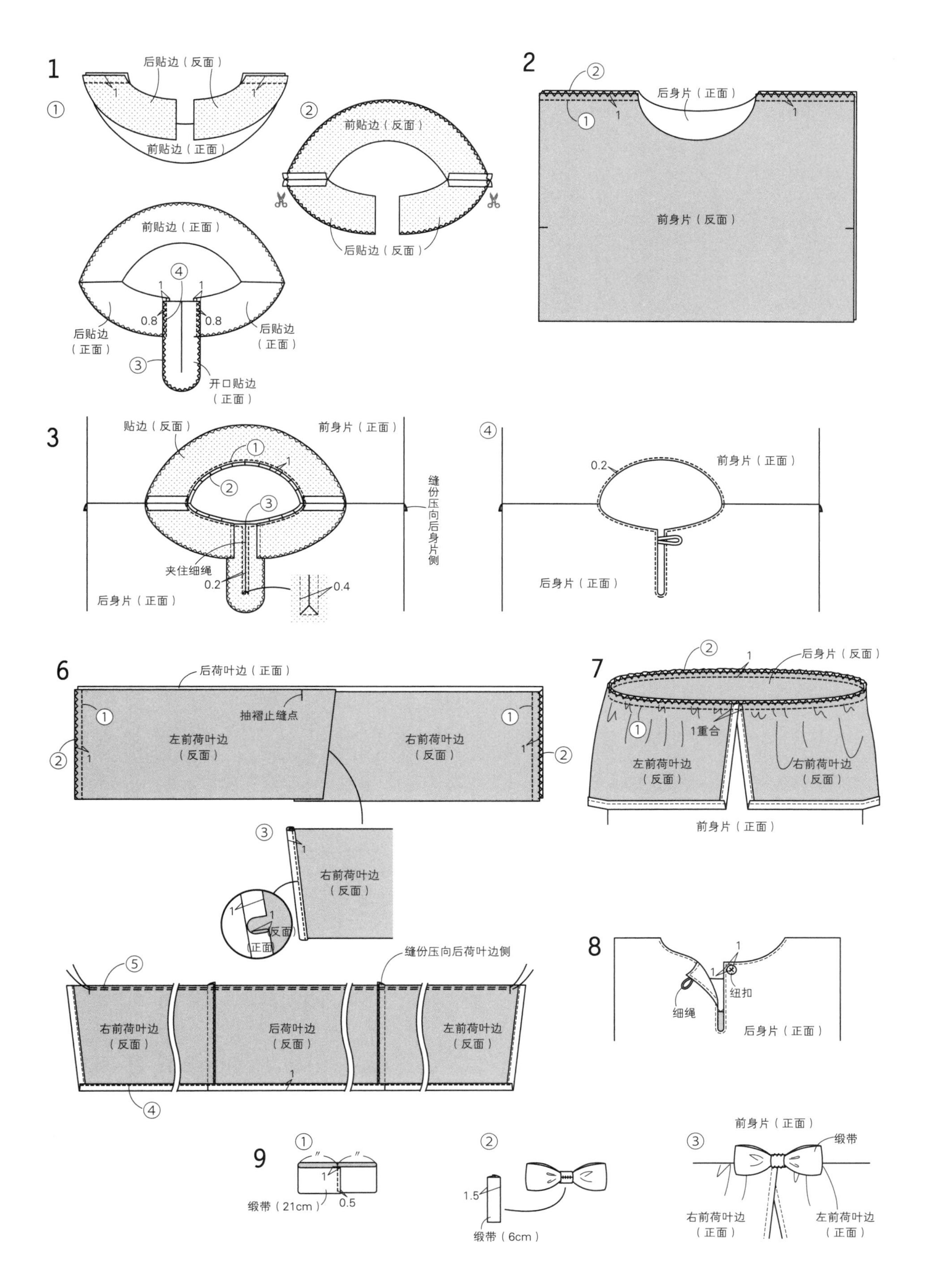

1
后贴边（反面）
①
1
1
前贴边（正面）
②
前贴边（反面）
后贴边（反面）
前贴边（正面）
④
1
1
0.8
0.8
后贴边
（正面）
后贴边
（正面）
③
开口贴边
（正面）
2
②
后身片（正面）
1
1
①
前身片（反面）
3
贴边（反面）
前身片（正面）
①
1
②
③
缝份压向后身片侧
夹住细绳
0.2
0.4
后身片（正面）
④
0.2
前身片（正面）
后身片（正面）
6
后荷叶边（正面）
抽褶止缝点
①
①
左前荷叶边
（反面）
右前荷叶边
（反面）
②
1
1
②
③
1
右前荷叶边
（反面）
1
1
（反面）
（正面）
⑤
缝份压向后荷叶边侧
右前荷叶边
（反面）
后荷叶边
（反面）
左前荷叶边
（反面）
1
④
7
②
1
后身片（反面）
①
1重合
左前荷叶边
（反面）
右前荷叶边
（反面）
前身片（正面）
8
1
1
纽扣
细绳
后身片（正面）
9
①
1
0.5
缎带（21cm）
②
1.5
缎带（6cm）
③
前身片（正面）
缎带
右前荷叶边
（正面）
左前荷叶边
（正面）

p. 20

背后带蝴蝶结连衣裙

●材料

使用布　身片（双罗纹织布）
46cm×70cm（制作成筒状）
裙片（印花棉布）　110cm×90cm
缎带　2.5cm宽　100/70cm、110/72cm、120/74cm
斜裁布带（对折式/双层纱布）　1.2cm宽　适量
黏合衬　10cm×15cm
粘衬嵌条　1.2cm×10cm

●制作方法　※单位：cm。

1 ①缎带的两端折两次缝合。
②开口贴边四周做Z字形锁边缝。
③开口贴边正面相对对齐后身片的后中心，夹住缎带，缝合后开衩。
④展开斜裁布带一侧的折边，缝于后身片的领口。
⑤后开衩剪牙口（参照p.74的步骤3-③）。
⑥斜裁布带和开口贴边折至反面，边缘机缝。
⑦前身片的领口按照步骤④、⑥的相同要领制作，缝合斜裁布带。

2 ①前、后身片正面相对对齐，缝合肩部至袖子。
②2片缝份一起做Z字形锁边缝。
③前、后身片正面相对对齐，缝合袖子至侧缝。
④2片缝份一起做Z字形锁边缝。

3 ①袖口做Z字形锁边缝。
②袖口向反面折并缝合。

4 ①裙片的抽褶止缝点用2根线大针脚机缝，用于抽褶。
②2片裙片正面相对对齐，缝合侧缝。
③2片缝份一起做Z字形锁边缝。

5 ①裙片抽褶，同前、后身片正面相对对齐缝合。
②步骤①的缝份做Z字形锁边缝。缝份压向身片侧。

6 下摆向反面折两次并缝合（参照p.68的步骤7）。

〈裁剪图〉

※单位：cm。
※数字为身高100/110/120cm。
※开口贴边使用通用纸型I（p.82）。
※[ ]部分的反面贴黏合衬。

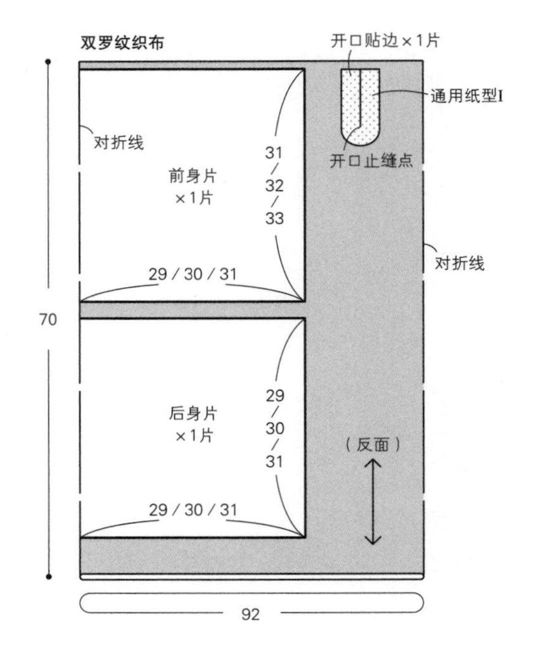

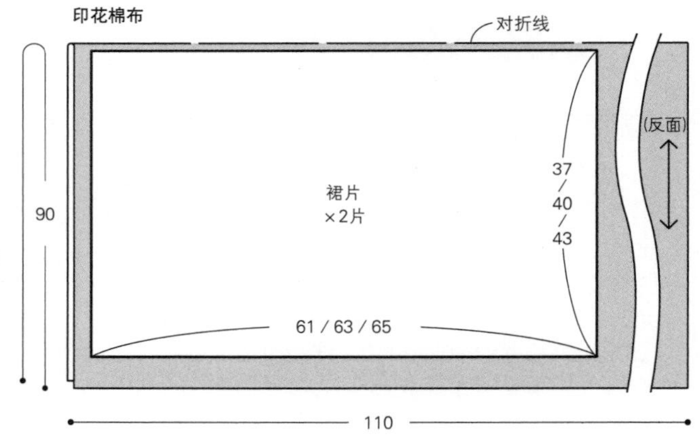

〈提示〉

※单位：cm。
※数字为身高100/110/120cm。
※将前领口和后领口的纸型（p.81）放在指定位置，画线，裁剪。
※侧缝用纸型（p.81）放于指定位置，画线。
※[ ]部分画线，裁剪。

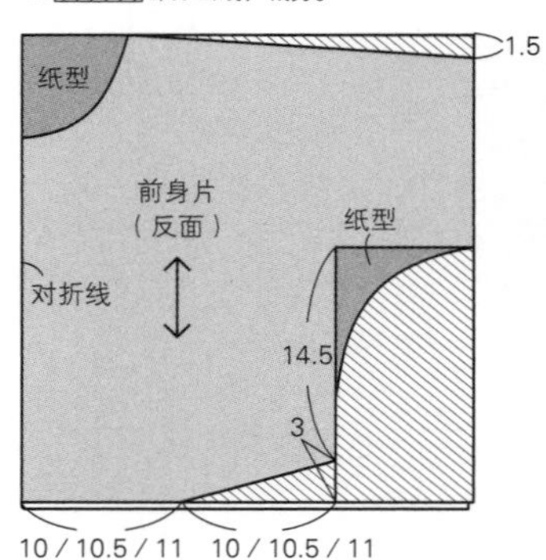

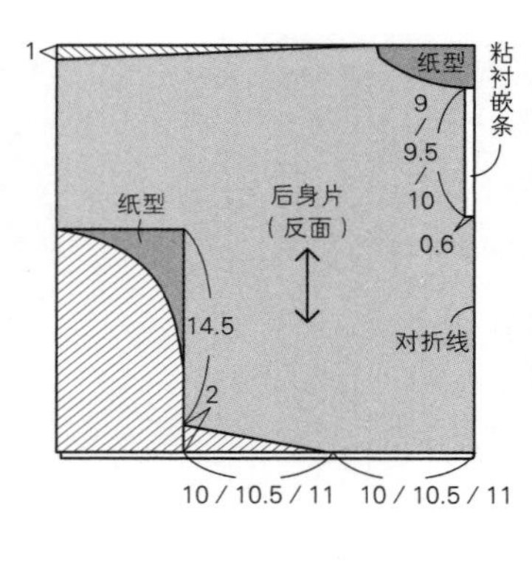

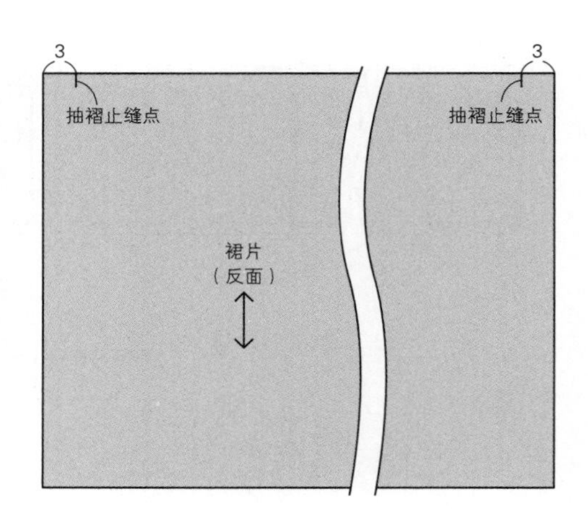

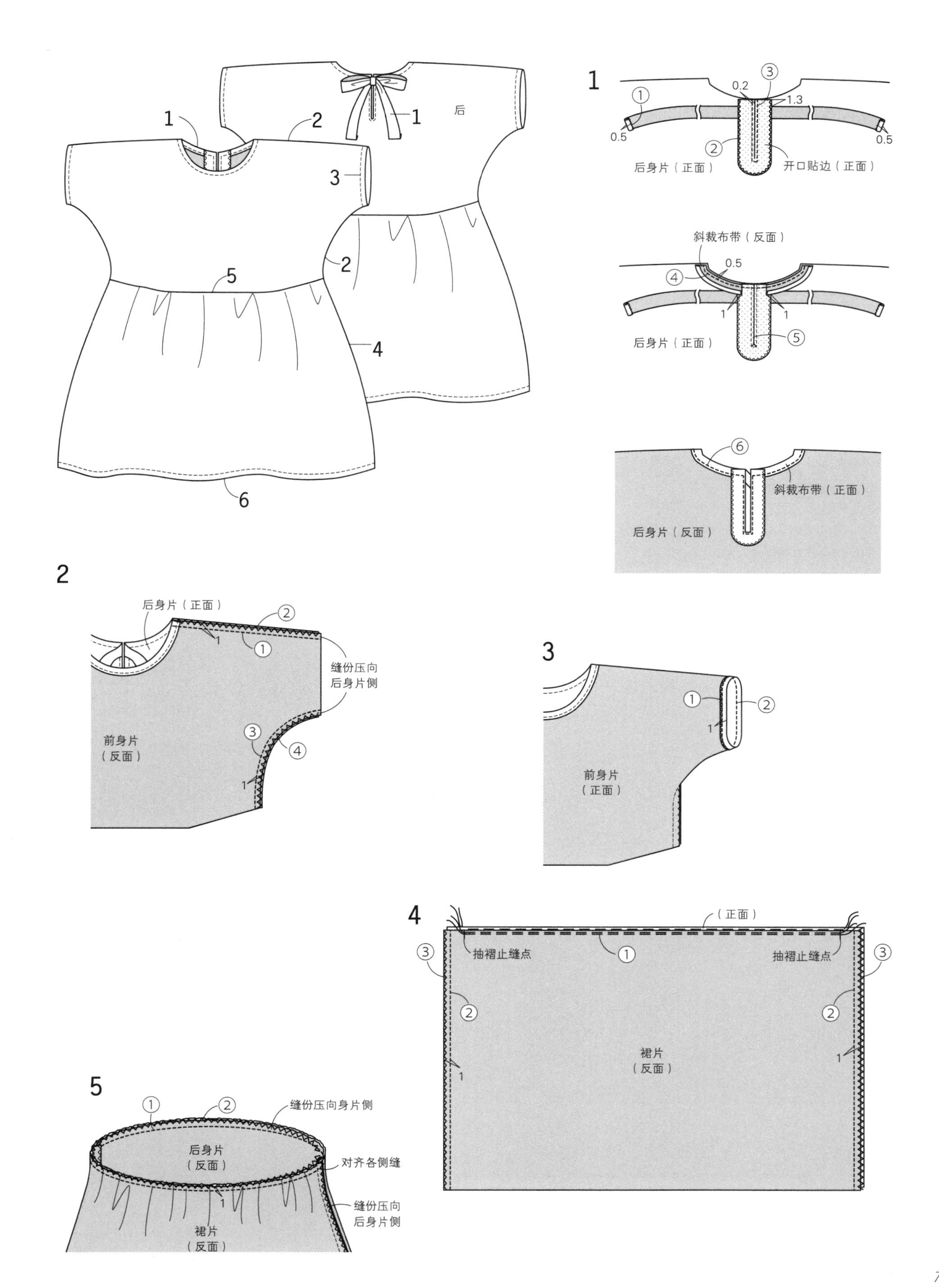

1
2
1
后
3
2
5
4
6
1
③
0.2
①
1.3
0.5
0.5
②
后身片（正面）
开口贴边（正面）
斜裁布带（反面）
0.5
④
1
1
后身片（正面）
⑤
⑥
斜裁布带（正面）
后身片（反面）
2
后身片（正面）
②
1
①
缝份压向
后身片侧
③
④
前身片
（反面）
1
3
①
②
1
前身片
（正面）
4
（正面）
③
抽褶止缝点
①
抽褶止缝点
③
②
②
1
1
裙片
（反面）
5
①
②
缝份压向身片侧
后身片
（反面）
对齐各侧缝
1
缝份压向
后身片侧
裙片
（反面）

p. 21

牛仔裙裤

●材料

使用布（先染粗纹布） 110cm × 100cm

腰带布（印花棉布） 110cm × 20cm

松紧带 1.5cm × 70cm

●制作方法 ※单位：cm。

1 ①左、右裤片分别正面相对折叠，缝合下裆。
  ②2片缝份一起做Z字形锁边缝。
2 ①右裤片和左裤片正面相对对齐，留下松紧带穿口，缝合裆部。
  ※缝合2次，用于加固。
  ②松紧带穿口下侧的缝份剪牙口。分开牙口上的缝份。
  ③从牙口至前裤片侧的一端，2片一起做Z字形锁边缝。缝份压向左裤片。
3 缝合裤腰（参照p.60的步骤5-①）。
4 ①裤脚做Z字形锁边缝。
  ②裤脚向反面折并缝合。
  ③裤脚向上折，用熨斗熨烫，缝合下裆后压好。
5 ①2片腰带正面相对对齐，缝合两端。分开缝份。
  ②正面相对对齐，留下返口后缝合。
  ③从返口翻到正面，用梯形缝固定。
6 ①裤襻分别正面相对对折，缝合两边。
  ②重新折叠，使针脚位于中间。
  ③折叠上下两边。
  ④前、后裤片放置于裤腰部分，缝合上下两边。
7 裤腰处穿入松紧带（参照p.50的步骤5）。

〈提示〉 ※单位：cm。
※数字为身高100/110/120cm。
※将通用纸型E、F（p.58）放于指定位置，对齐刻度尺，画延长线，裁剪。
※▨部分画线，裁剪。

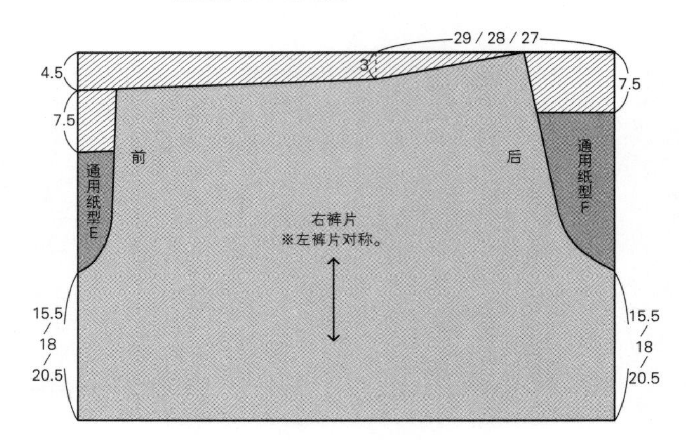

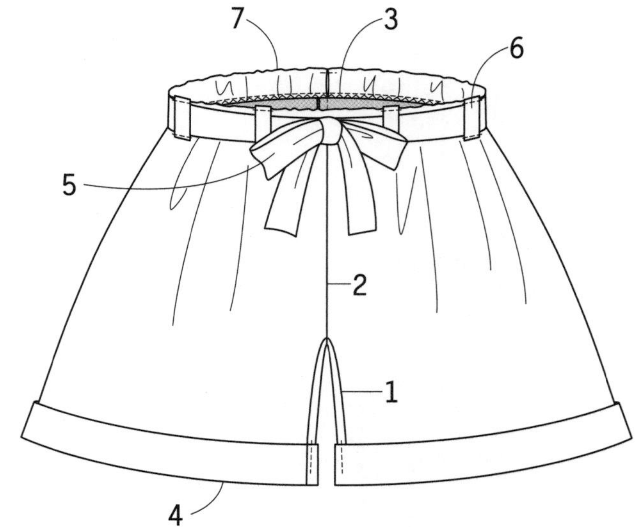

〈裁剪图〉

※单位：cm。
※数字为身高100/110/120cm。

使用布

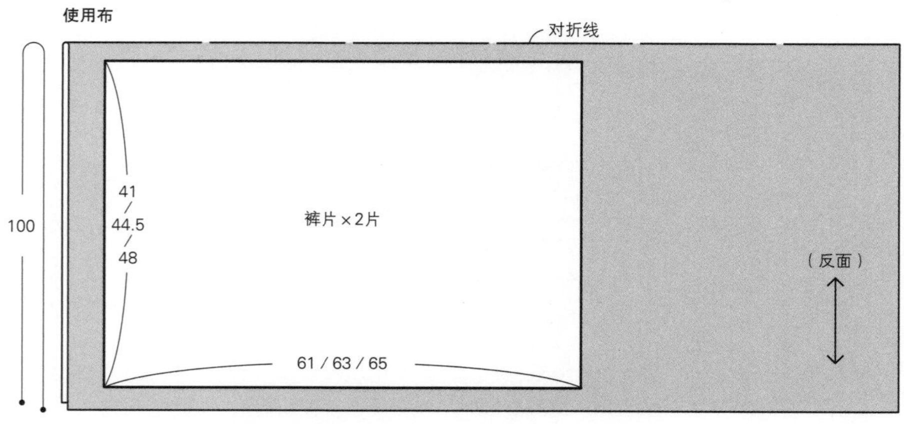

腰带布

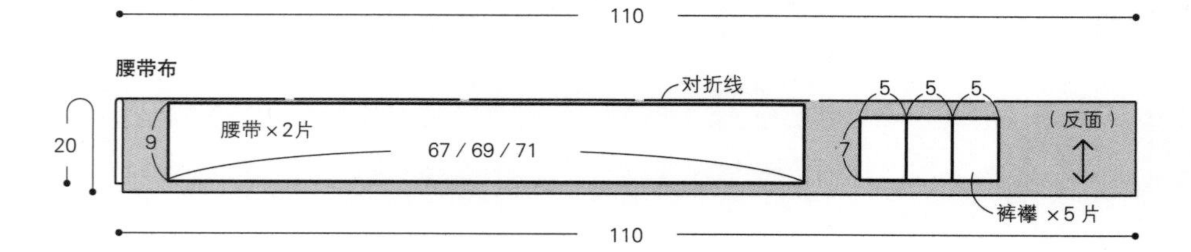

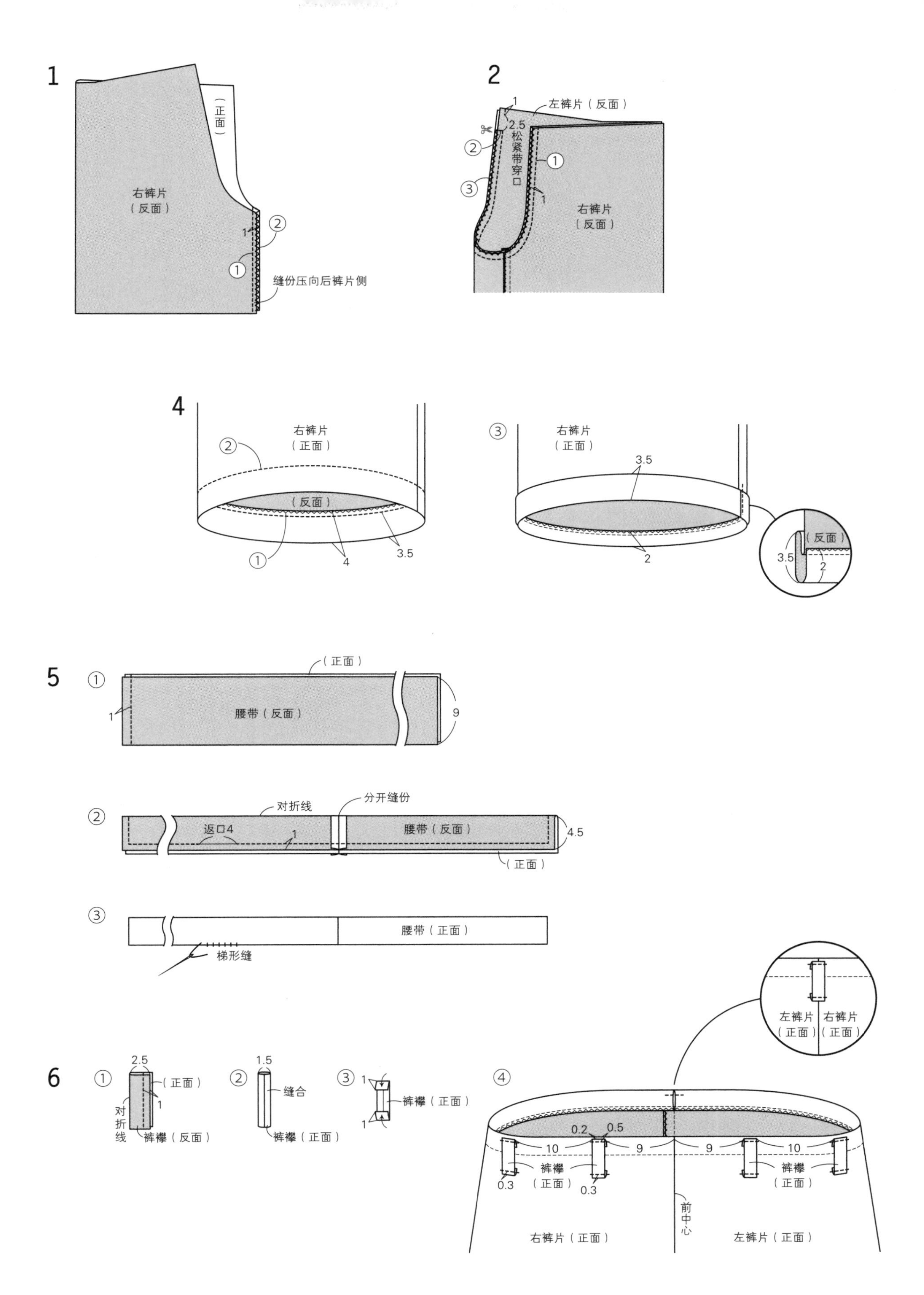
1
（正面）
右裤片
（反面）
1
②
①
缝份压向后裤片侧
2
1
左裤片（反面）
2.5
松紧带穿口
②
③
①
1
右裤片
（反面）
4
右裤片
（正面）
②
（反面）
①
4
3.5
③
右裤片
（正面）
3.5
2
（反面）
3.5
2
5
①
（正面）
1
腰带（反面）
9
②
对折线
分开缝份
返口4
1
腰带（反面）
4.5
（正面）
③
腰带（正面）
梯形缝
6
①
2.5
（正面）
1
对折线
裤襻（反面）
②
1.5
缝合
裤襻（正面）
③
1
裤襻（正面）
1
④
左裤片
（正面）
右裤片
（正面）
0.2
0.5
10
9
9
10
裤襻
（正面）
0.3
0.3
裤襻
（正面）
前中心
右裤片（正面）
左裤片（正面）

p. 18

荷叶袖T恤

●材料

使用布（20/2平针织布） 180cm×60cm

松紧带 1cm×30cm 2根

●制作方法 ※单位：cm。

1 缝合肩部（参照p.72的步骤1）。
2 接缝领子（参照p.72的步骤2）。
3 接缝袖子（参照p.72的步骤3）。
4 缝合侧缝和袖下（参照p.72的步骤4。但是，不夹住抽褶）。
5 ①袖口向反面折，留下松紧带穿口后缝合。
②荷叶边大针脚机缝，用于抽褶。
③抽褶至指定尺寸。
④荷叶边与袖口对齐，缝合一圈。
⑤袖口穿入松紧带，松紧带两端重合，缝合。
6 缝合下摆（参照p.72的步骤6）。

〈裁剪图〉 ※单位：cm。
※数字为身高100/110/120cm。

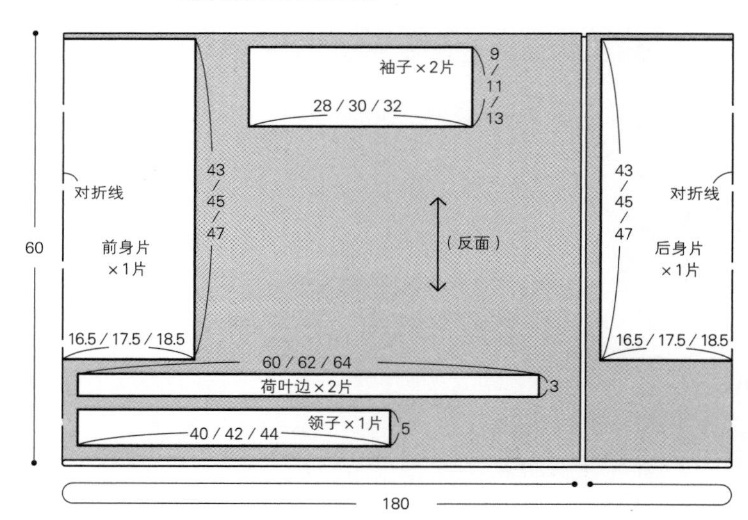

5

①

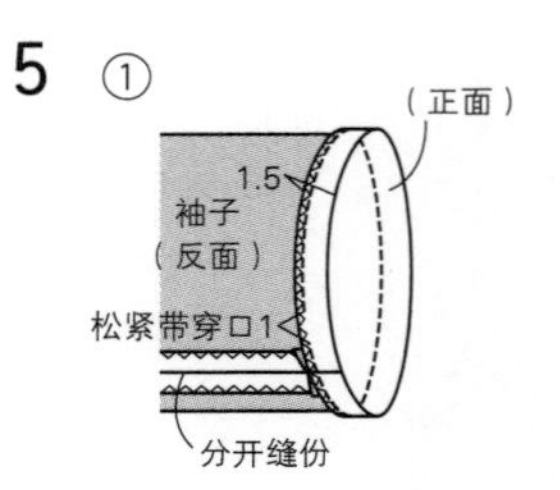

②

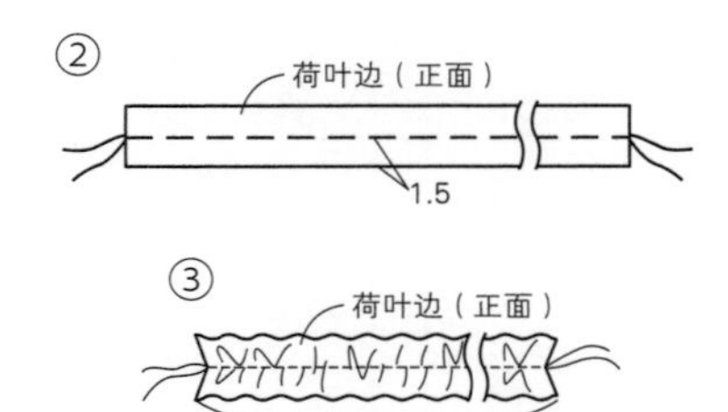

③
荷叶边(正面)
28/30/32

④

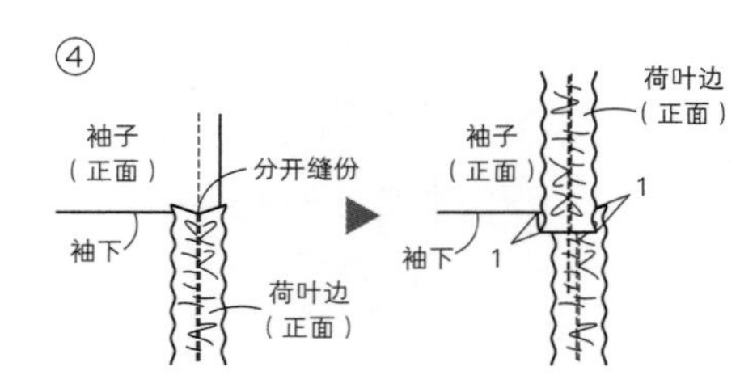

⑤

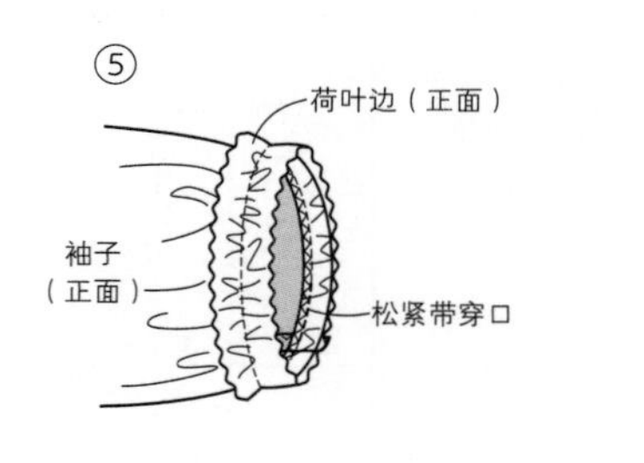

〈提示〉 ※同p.72。

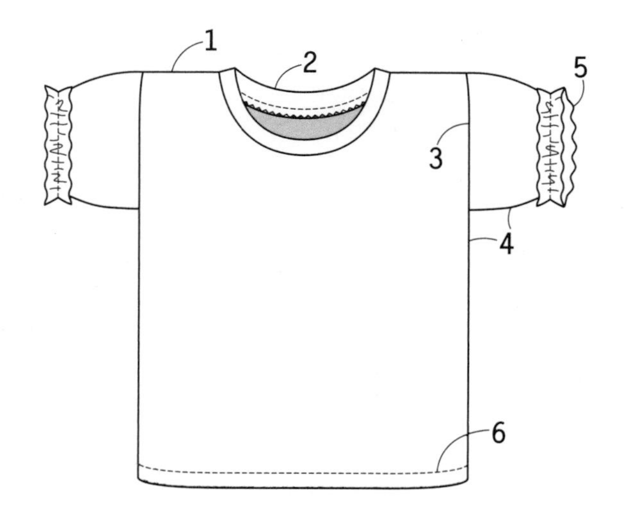

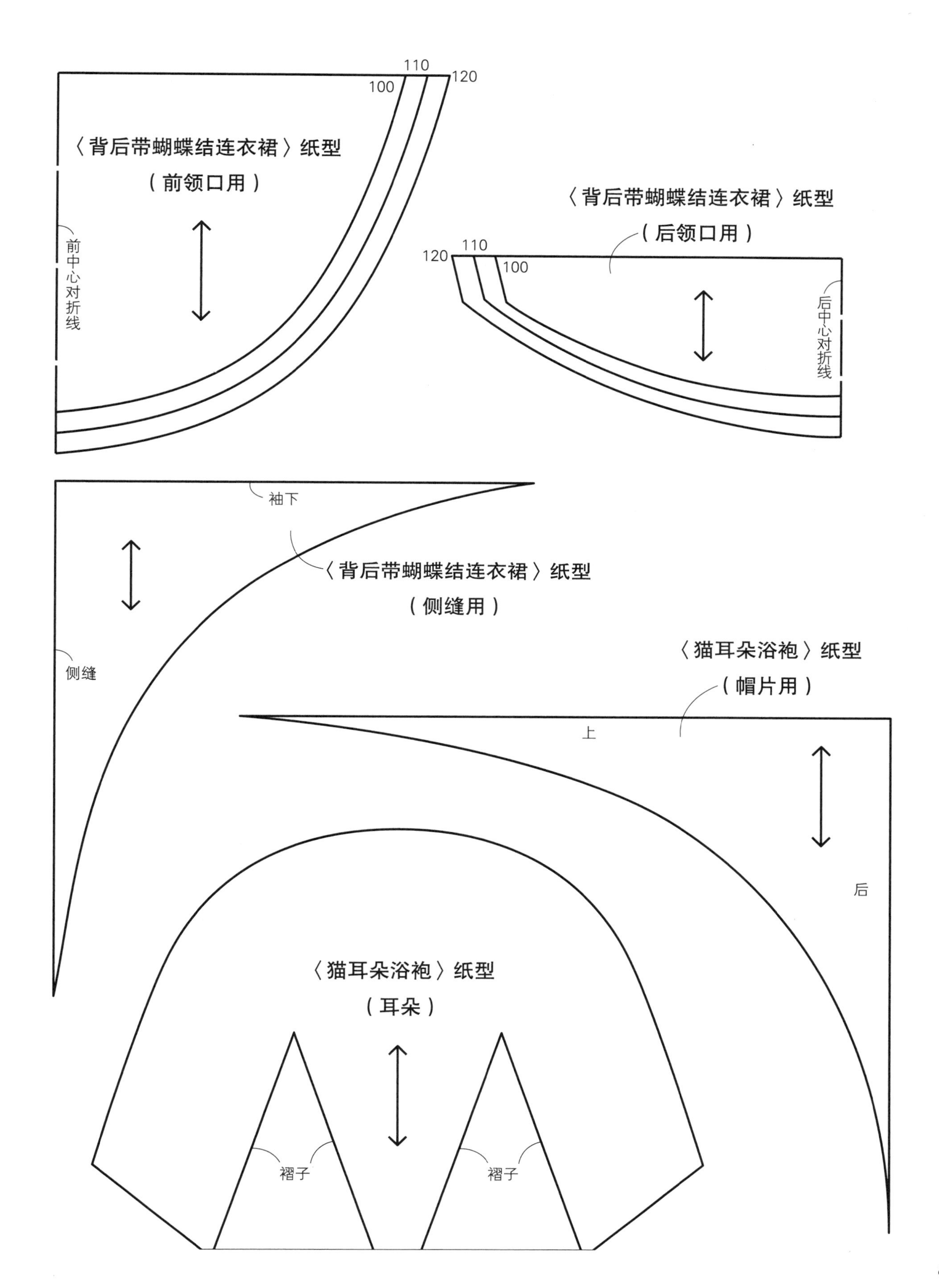
110
120
100
〈背后带蝴蝶结连衣裙〉纸型
（前领口用）
前中心对折线
〈背后带蝴蝶结连衣裙〉纸型
（后领口用）
120
110
100
后中心对折线
袖下
〈背后带蝴蝶结连衣裙〉纸型
（侧缝用）
侧缝
〈猫耳朵浴袍〉纸型
（帽片用）
上
后
〈猫耳朵浴袍〉纸型
（耳朵）
褶子
褶子

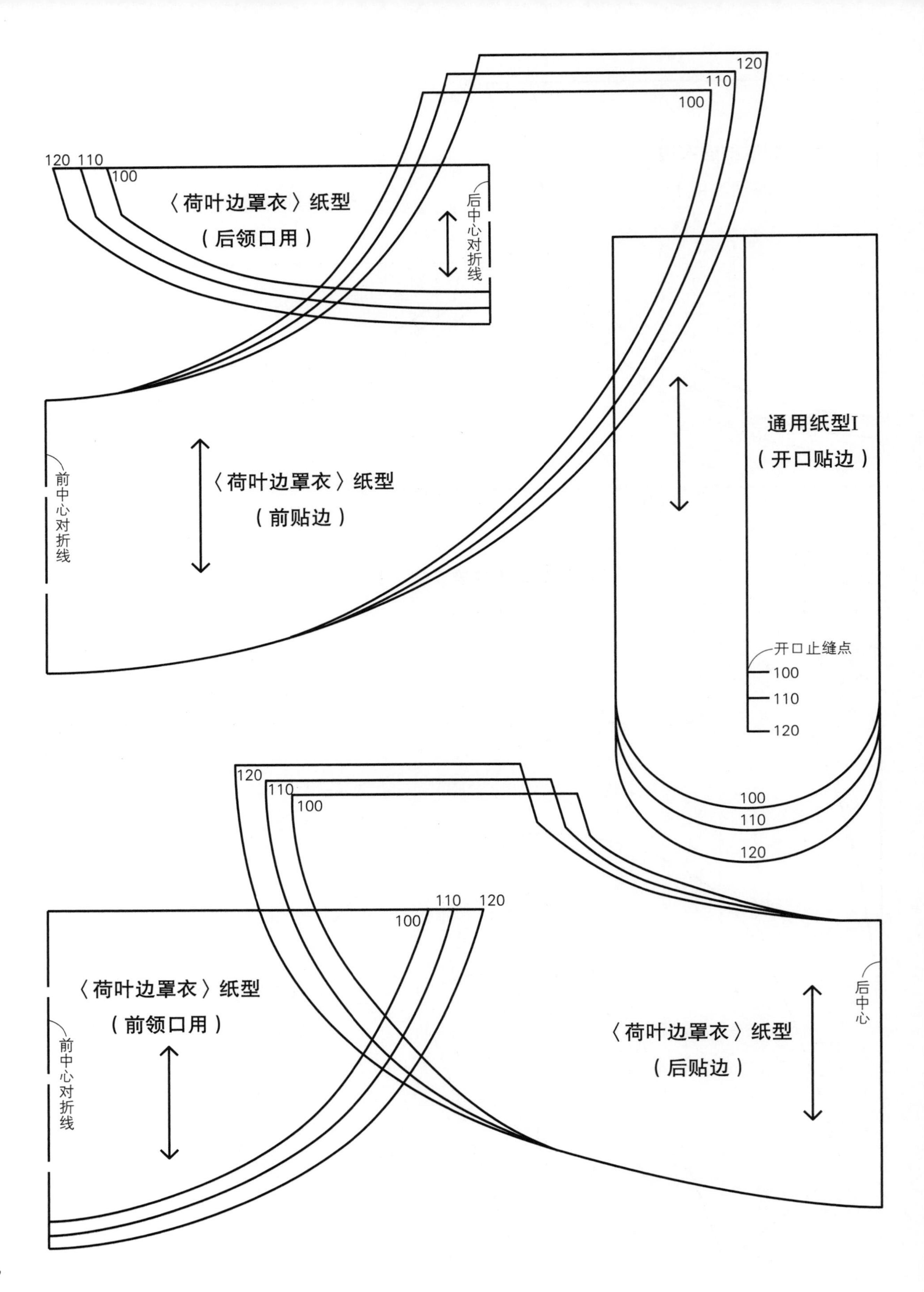

120
110
100
120 110
100
〈荷叶边罩衣〉纸型
（后领口用）
后中心对折线
通用纸型I
（开口贴边）
〈荷叶边罩衣〉纸型
（前贴边）
前中心对折线
开口止缝点
100
110
120
100
110
120
120
110
100
110 120
100
〈荷叶边罩衣〉纸型
（前领口用）
前中心对折线
后中心
〈荷叶边罩衣〉纸型
（后贴边）

p. 24
星星针织裤

●材料

使用布（拼结针织布） 70cm × 120cm
松紧带 1.5cm × 70cm

●制作方法 ※单位：cm。

1 右前裤片和右后裤片正面相对对齐，缝合侧缝和下裆（参照p.50的步骤3）。
2 ①右裤片和左裤片正面相对对齐，留下松紧带穿口，缝合裆部。
  ※缝合2次，用于加固。
  ②松紧带穿口下侧的缝份剪牙口。牙口上方的缝份分开。
  ③牙口至前裤片一端，2片缝份一起做Z字形锁边缝。缝份压向左裤片侧。
3 裤腰部分向反面折两次并缝合。
4 ①裤脚做Z字形锁边缝。
  ②裤脚向反面折并缝合。
5 裤腰处穿上松紧带（参照p.50的步骤7）。

〈提示〉 ※单位：cm。
※数字为身高100/110/120cm。
※将通用纸型E、F（p.58）放于前、后裤片指定位置，画线，裁剪。
※▨部分画线，裁剪。

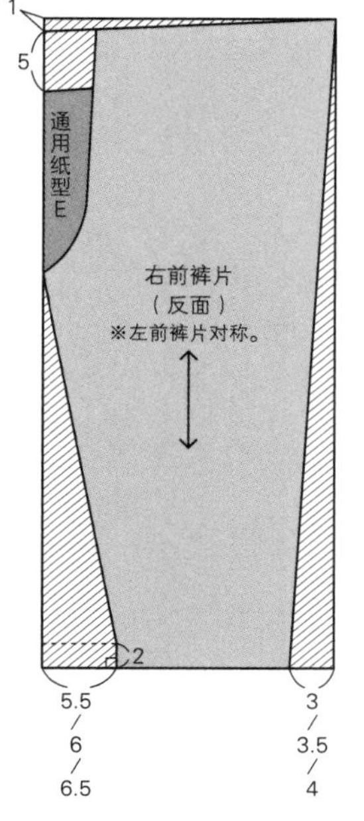

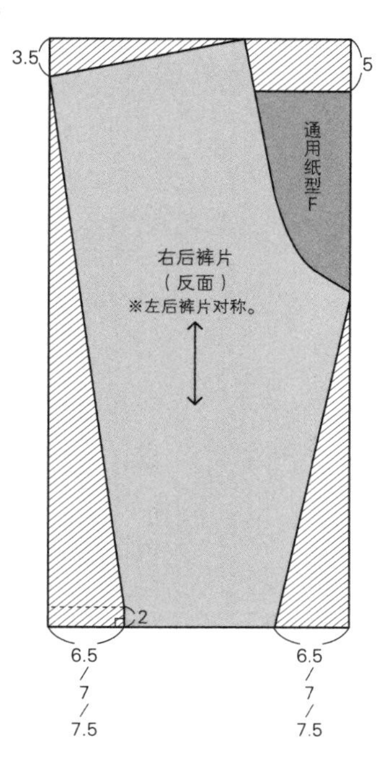

〈裁剪图〉
※单位：cm。
※数字为身高100/110/120cm。

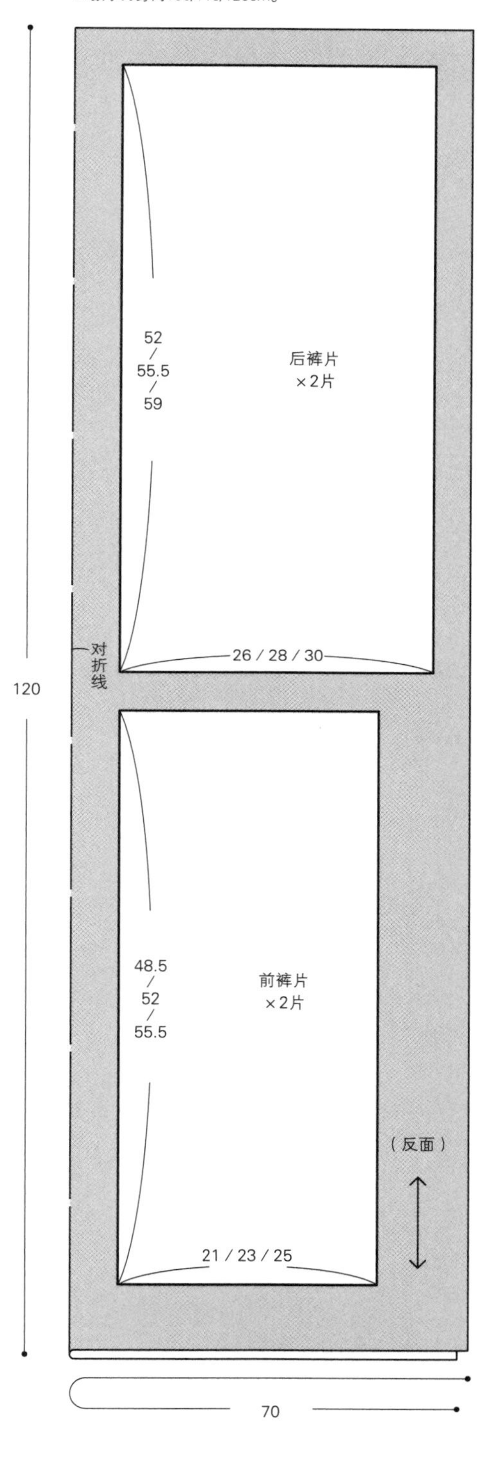

2

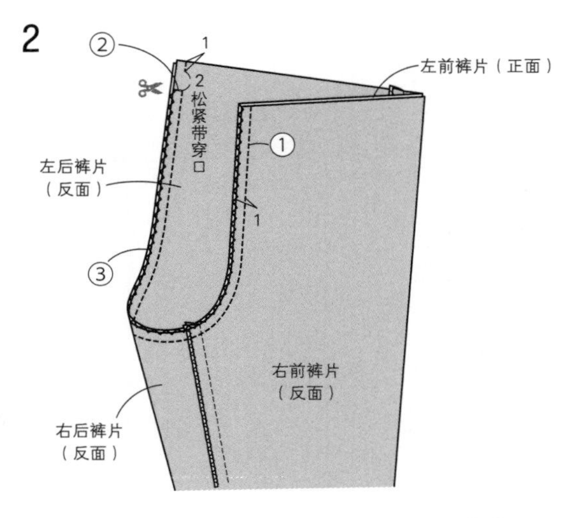

3

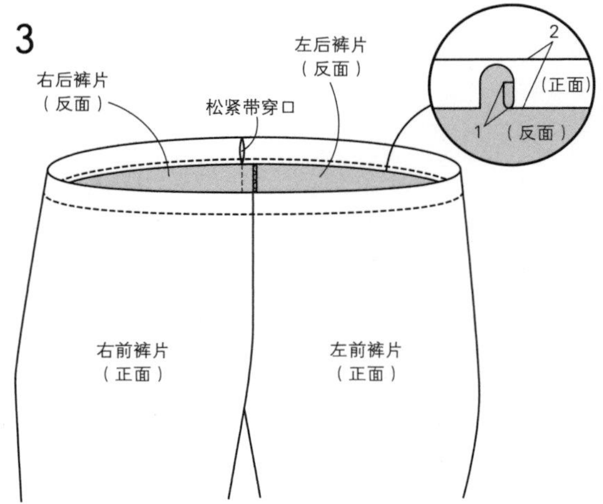

4

右前裤片
（正面）
②
①
2
5
3
2
1
4

p.25

运动裤

●材料

使用布（里毛布） 180cm×70cm

松紧带 2cm×70cm

圆绳 25cm

●制作方法 ※单位：cm。

1 ①除了前、后裤片的裤腰以外，其他分别做Z字形锁边缝。
 ②右前裤片和右后裤片正面相对对齐，缝合侧缝。分开缝份。
 ③同样缝合下裆，分开缝份。
 ④按照步骤②、③，同样制作左前裤片和左后裤片。

2 右裤片和左裤片正面相对对齐，缝合裆部。分开缝份。
 ※缝2次，用于加固。

3 ①裤腰反面相对，横向对折后用熨斗熨出折痕。展开，正面相对对齐，留下松紧带穿口后，缝合侧缝。
 ②分开缝份，折叠折边。
 ③裤片和裤腰正面相对对齐，缝合裤腰。
 ※对齐右裤片的接缝和裤腰的接缝，左裤片的接缝和裤腰的记号对齐。
 ④3片缝份一起做Z字形锁边缝。缝份压向裤片侧。

4 ①裤脚罗纹边反面相对，长边对长边对折后用熨斗熨出折痕。展开，正面相对对齐，缝合侧缝。
 ②分开缝份，折叠折边。
 ③裤片的下裆接缝和裤脚罗纹边的接缝对齐裤片的裤脚正面，缝合。
 ④3片缝份一起做Z字形锁边缝。缝份压向裤片侧。

5 裤腰处穿上松紧带（参照p.50的步骤7）。

6 圆绳两端打结，系成蝴蝶结。在裤腰前侧的中央缝合固定。

〈裁剪图〉 ※单位：cm。
※数字为身高100/110/120cm。

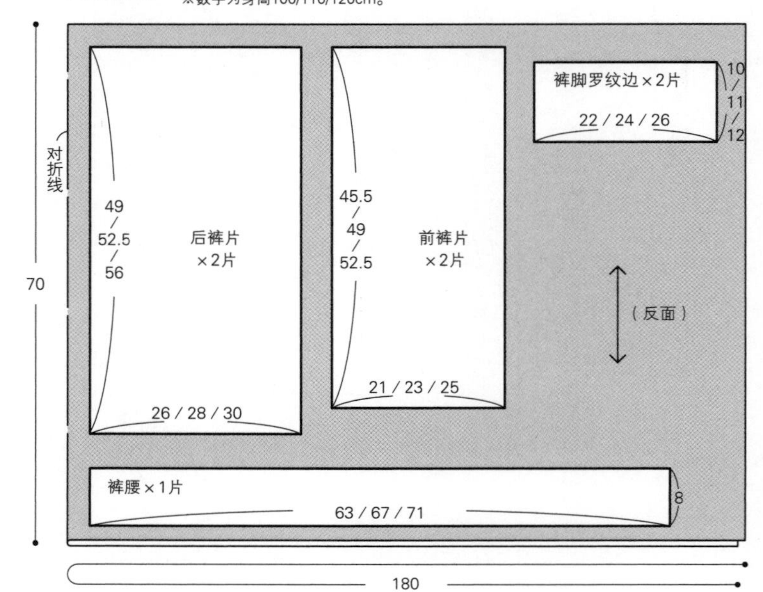

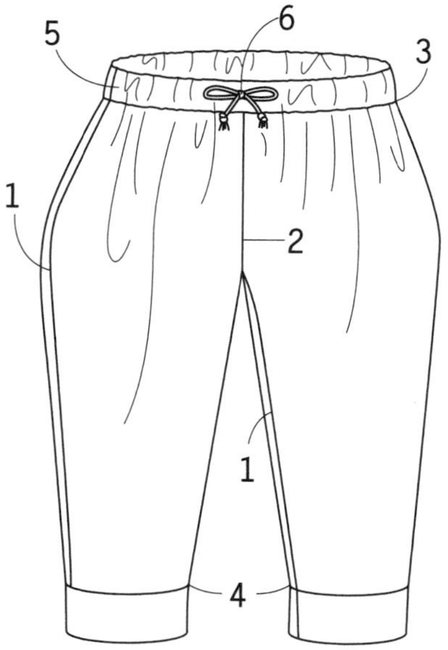

〈提示〉 ※单位：cm。
※数字为身高100/110/120cm。
※将通用纸型E、F（p.58）放于前、后裤片指定位置，画线，裁剪。
※ 部分画线，裁剪。

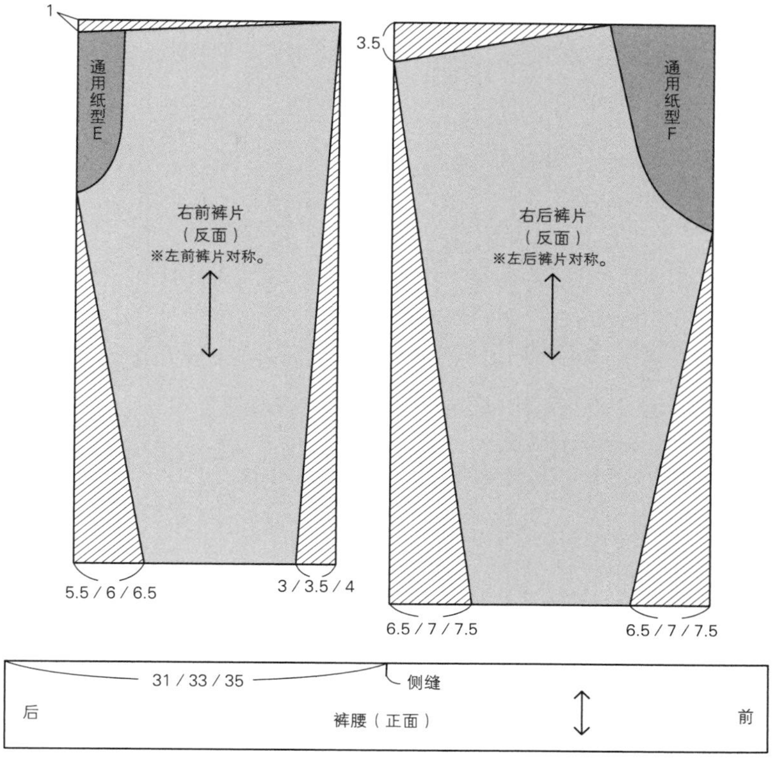

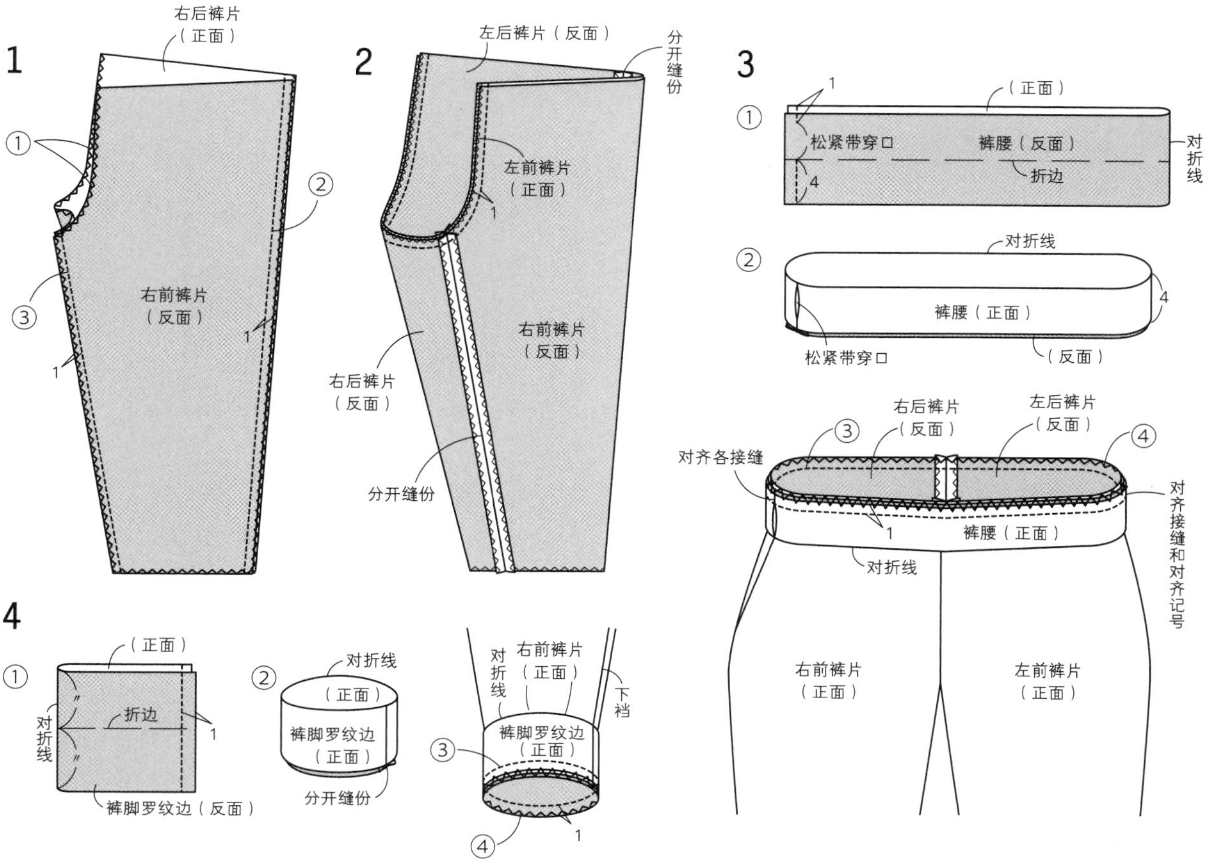

1

2

3

4

p. 23、24、25
防风连帽外套

●材料

使用布（尼龙布） 122cm宽　100、110/100cm、120/110cm

缎带　2.5cm×80cm

斜裁布带（镶边式/尼龙布） 1cm宽　适量

塑料按扣　直径1.3cm　5组

●制作方法　※单位：cm。

1　①制作口袋（参照p.65的步骤8-①~②）。
　②口袋分别缝于左、右前身片。口袋口部分四边缝合，用于加固。
　③裁剪后的缎带缝于左、右前身片的贴边部分。
　④如图所示，折叠贴边。
2　缝合肩部（参照p.40的步骤2）。
3　①帽片正面相对对折，缝合后中心。
　②步骤①的2片缝份一起做Z字形锁边缝。
　③缝合帽顶。
　④步骤③的2片缝份一起做Z字形锁边缝。
　⑤帽子的帽口向反面折两次并缝合。
4　①帽子正面相对对齐，缝于身片正面的领口。
　②缝份用斜裁布带夹住缝合。
5　①袖子的三边（除袖口）做Z字形锁边缝。
　②袖子缝于前、后身片（参照p.40的步骤5）。
6　缝合袖下和侧缝（参照p.40的步骤6）。
7　袖口向反面折两次并缝合。
8　①缝合贴边的下边，裁剪掉多余部分。
　②贴边翻到正面，下摆向反面折两次，缝合前边和下摆。
9　左、右前身片的前中心开孔，缝上按扣。
　※男孩款的右前身片为按扣凸侧、左前身片为凹侧。女孩款相反。

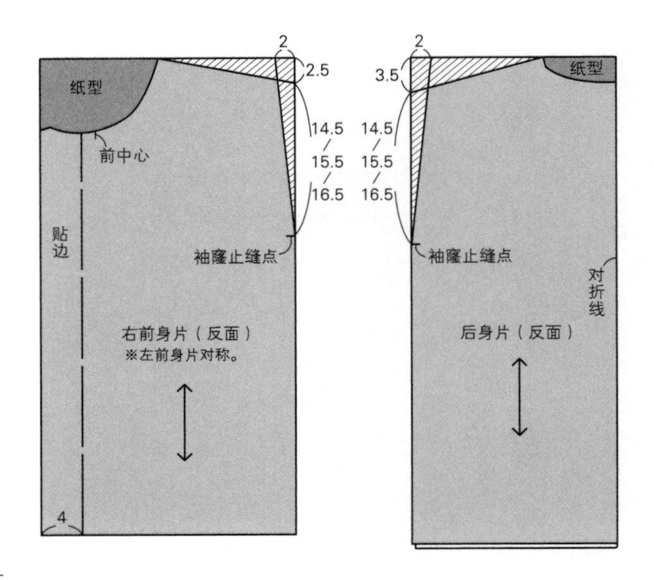

〈裁剪图〉

※单位：cm。
※数字为身高100/110/120cm。

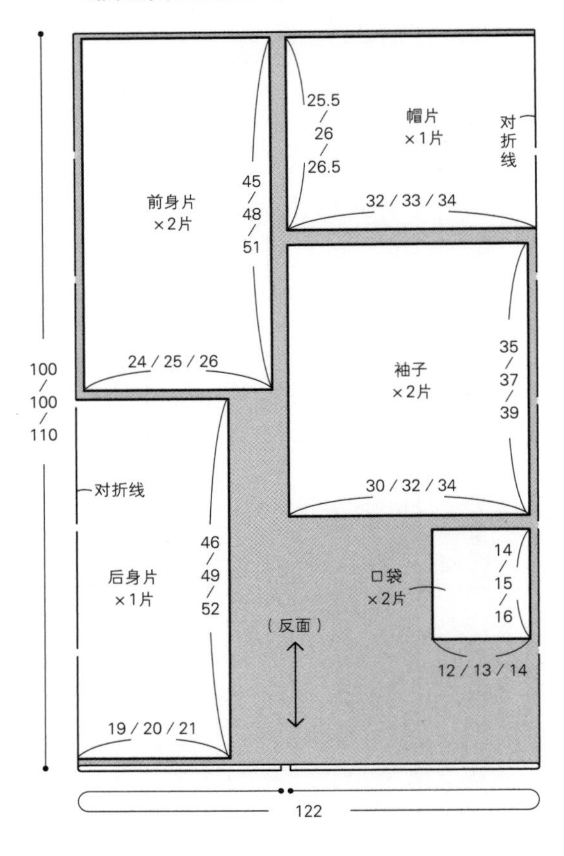

〈提示〉

※单位：cm。
※数字为身高100/110/120cm。
※将纸型（p.91）放于指定位置，画线，裁剪。
※▨部分画线，裁剪。

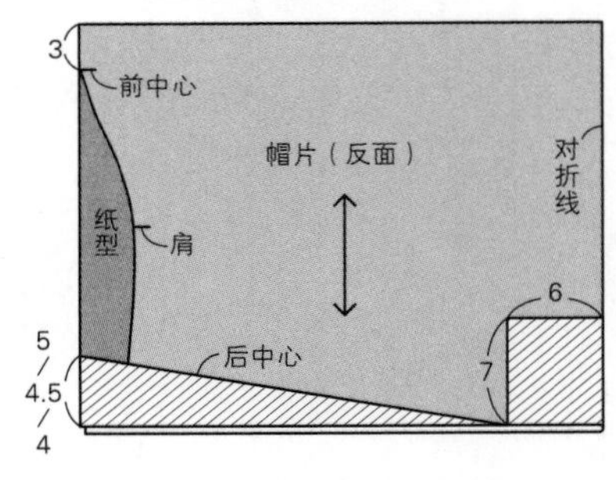

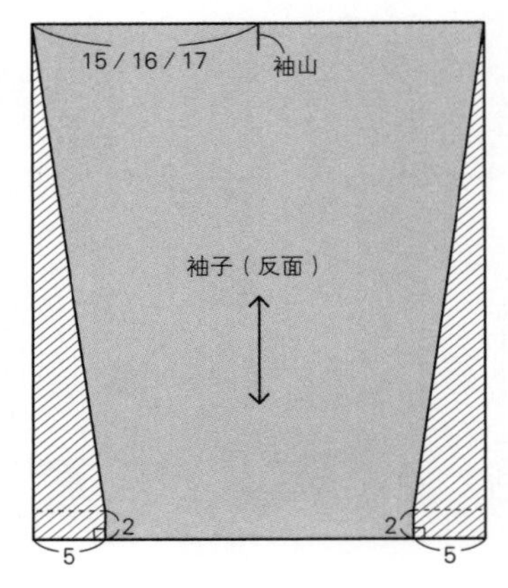

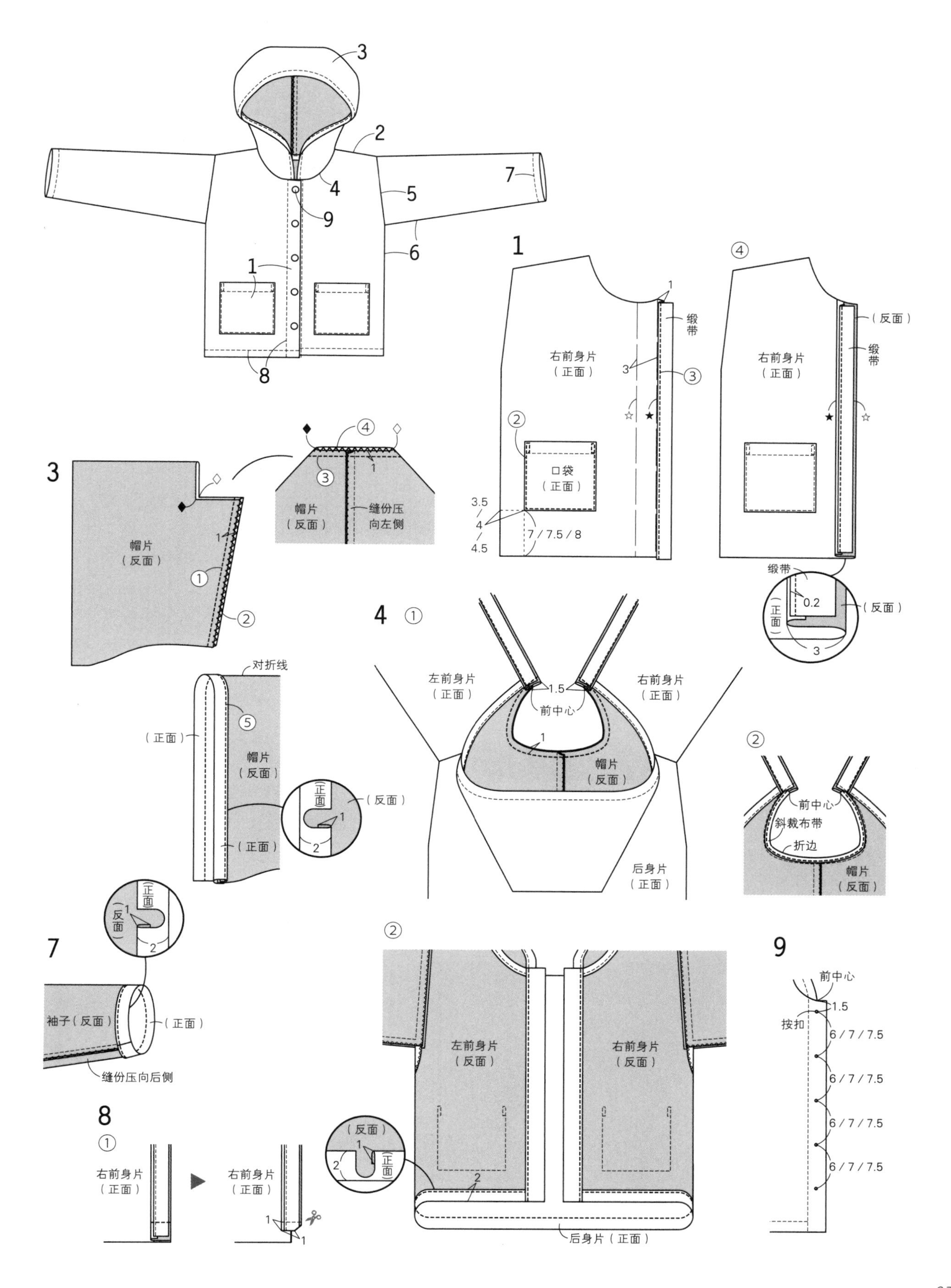

3
2
7
4
5
9
6
1
8
1
右前身片
（正面）
缎带
3
③
②
口袋
（正面）
3.5
4
4.5
7 / 7.5 / 8
④
（反面）
右前身片
（正面）
缎带
缎带
0.2
正面
（反面）
3
3
④
③
1
帽片
（反面）
缝份压向左侧
帽片
（反面）
1
①
②
对折线
⑤
（正面）
帽片
（反面）
（正面）
正面
（反面）
1
2
4 ①
左前身片
（正面）
右前身片
（正面）
1.5
前中心
1
帽片
（反面）
后身片
（正面）
②
前中心
斜裁布带
折边
帽片
（反面）
7
正面
反面
1
2
袖子（反面）
（正面）
缝份压向后侧
8
①
右前身片
（正面）
右前身片
（正面）
1
1
②
左前身片
（反面）
右前身片
（反面）
（反面）
1
2
正面
2
后身片（正面）
9
前中心
1.5
按扣
6 / 7 / 7.5
6 / 7 / 7.5
6 / 7 / 7.5
6 / 7 / 7.5

p.27

带贴布的插肩袖T恤

●材料

使用布　身片（双罗纹织布/白色）46cm×50cm

袖子、领子（双罗纹织布/深蓝色）46cm×50cm

贴布（双罗纹织布/白色和黄色）各20cm×20cm

缎带　1.5cm×5cm

●制作方法　※单位：cm。

1　①2片贴布重合缝于前身片的正面。
　②前、后身片连接袖窿的部分和侧缝做Z字形锁边缝。
　③除了插肩袖的领口部分以外，做Z字形锁边缝。

2　①前身片和右袖正面相对对齐，缝至侧缝前1cm。
　②后身片和右袖正面相对对齐，缝至侧缝前1cm。
　③左袖同步骤①~②制作方法。

3　①领子反面相对，长边对长边对折，用熨斗熨出折痕。展开，正面相对对齐缝合侧缝。
　②折叠折边。
　③展开步骤1的身片，领子的拼合记号对齐身片的接缝，缝于正面。
　④3片缝份一起做Z字形锁边缝。缝份压向身片和袖侧。

4　①前、后身片及左、右袖子分别正面相对对齐。缎带对折夹入身片的左侧。
　②连续缝合袖下和身片的侧缝。

5　袖口向反面折并缝合。

6　①下摆四周做Z字形锁边缝。
　②下摆向反面折并缝合。

〈裁剪图〉

※单位：cm。
※数字为身高100/110/120cm。

双罗纹织布（白色）

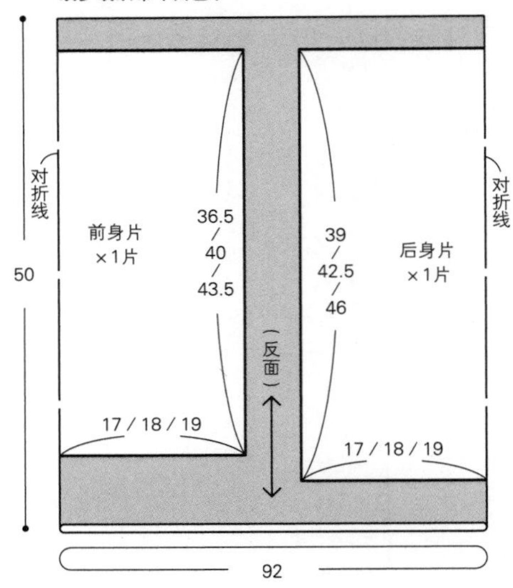

双罗纹织布（深蓝色）

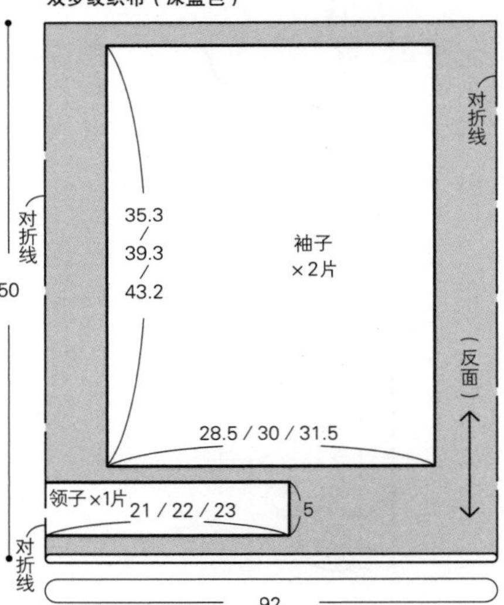

〈提示〉

※单位：cm。
※数字为身高100/110/120cm。
※将通用纸型J、K、L（p.91）放于指定位置，画线，裁剪。
贴布按照贴布用纸型（p.91）裁剪。
※▨部分画线，裁剪。

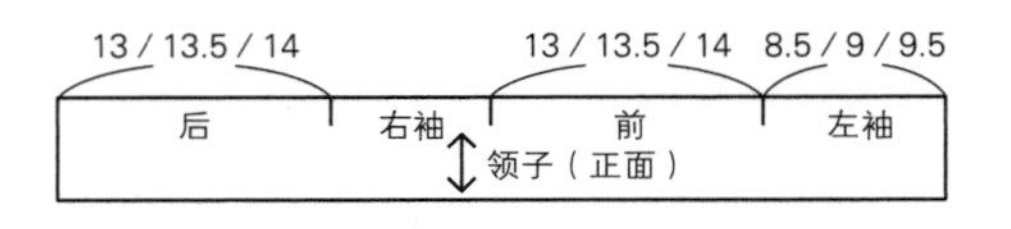

贴布（白色和黄色）

纸型
×各
1片
（反面）

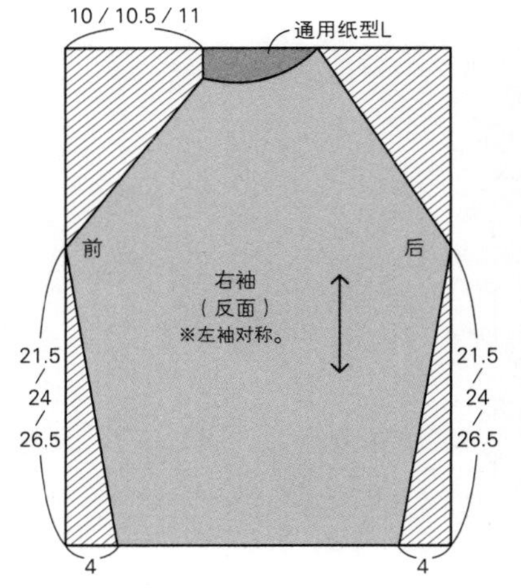

通用纸型J
11.5 / 12.5 / 13.5
前中心 对折线
前身片
（反面）

通用纸型K
14 / 15 / 16
后中心 对折线
后身片
（反面）

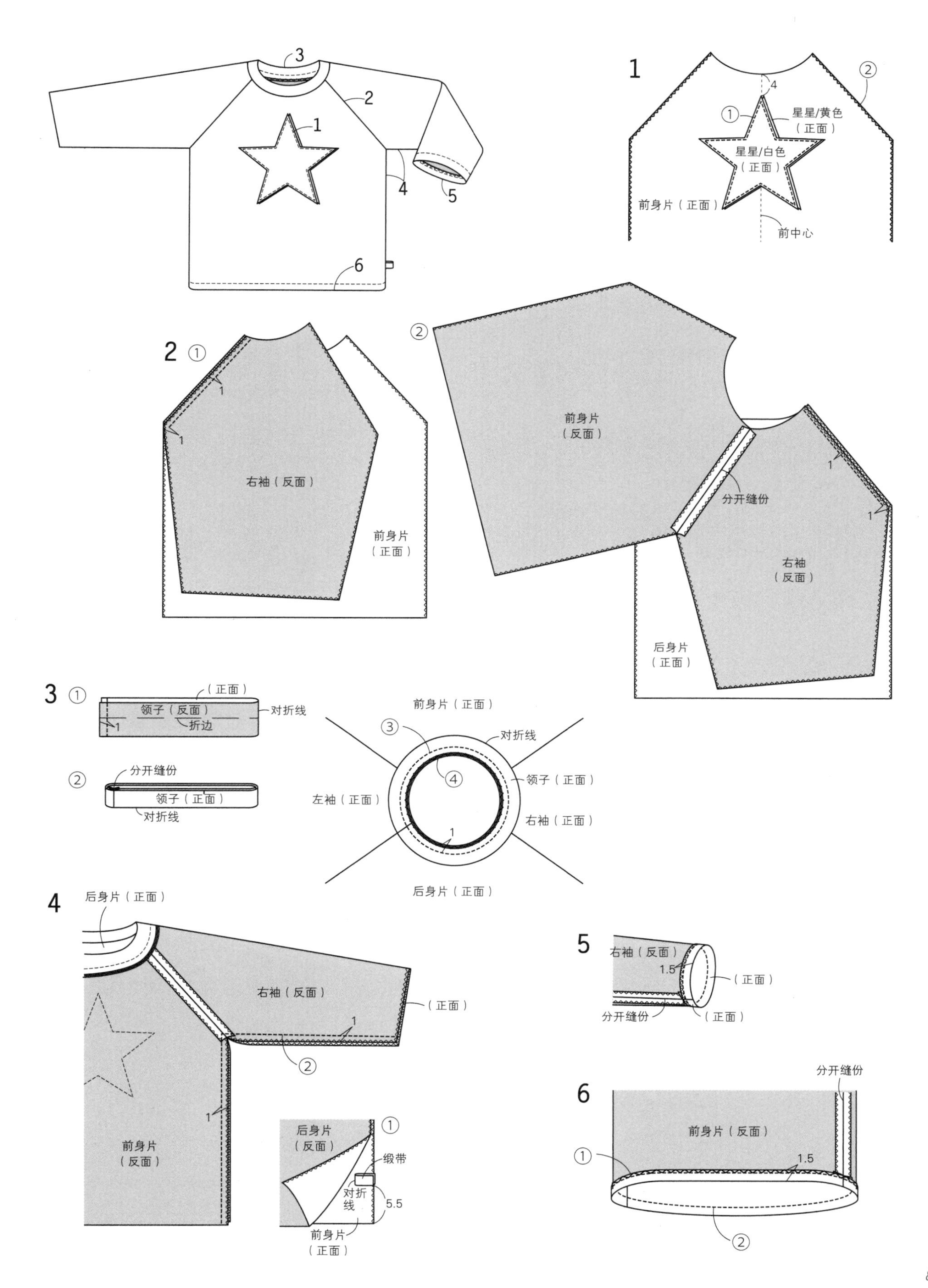

3
2
1
4
5
6
1
②
4
①
星星/黄色
（正面）
星星/白色
（正面）
前身片（正面）
前中心
2 ①
1
1
右袖（反面）
前身片
（正面）
②
前身片
（反面）
分开缝份
1
1
右袖
（反面）
后身片
（正面）
3 ①
（正面）
领子（反面）
折边
对折线
1
②
分开缝份
领子（正面）
对折线
前身片（正面）
③
对折线
④
领子（正面）
左袖（正面）
右袖（正面）
1
后身片（正面）
4
后身片（正面）
右袖（反面）
（正面）
1
②
1
前身片
（反面）
后身片
（反面）
①
缎带
对折
线
5.5
前身片
（正面）
5
右袖（反面）
1.5
（正面）
分开缝份
（正面）
6
分开缝份
前身片（反面）
①
1.5
②

p. 26

糖果色卫衣

●材料

使用布（里毛布） 155cm × 50cm

领口、袖口、下摆（松紧罗纹针织布）

45cm × 30cm

缎带 1.8cm × 5cm

●制作方法 ※单位：cm。

1 缝合前、后身片和袖子（参照p.88的步骤2）。

2 缝接领子（参照p.88的步骤3）。

3 缝合袖下和侧缝（参照p.88的步骤4。缎带夹入右侧）。

4 ①袖口罗纹边反面相对对折，用熨斗熨出折痕。展开，正面相对对齐，缝合侧缝。

②折叠折边。

③对齐各接缝，放在袖子的正面，边拉伸边缝合袖口罗纹边。

④3片缝份一起做Z字形锁边缝。缝份压向袖子侧。

5 ①同步骤4-①~②，制作下摆罗纹边。

②放于前、后身片的正面。对齐身片接缝、下摆罗纹边接缝和对齐记号，边拉伸边缝合下摆罗纹边。

③3片缝份一起做Z字形锁边缝。缝份压向身片侧。

〈裁剪图〉

※单位：cm。

※数字为身高100/110/120cm。

里毛布

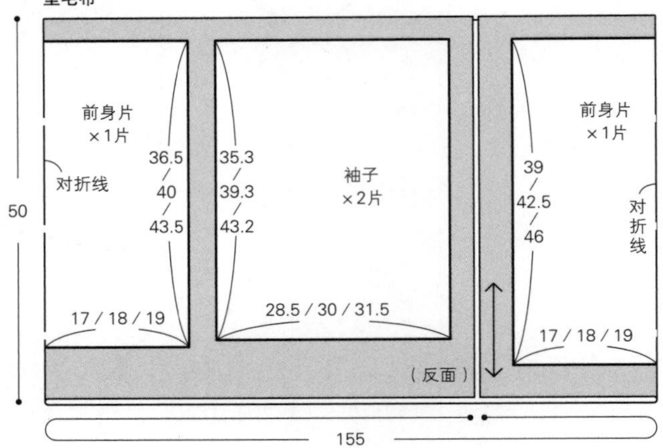

松紧罗纹针织布

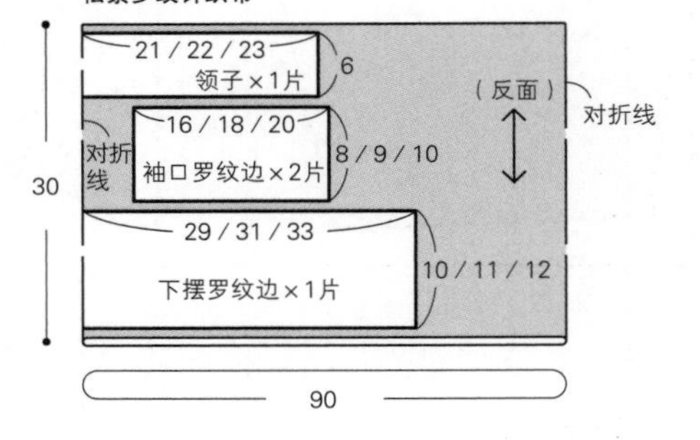

〈提示〉

※前身片、后身片、袖子、领子同p.88“带贴布的插肩袖T恤”。

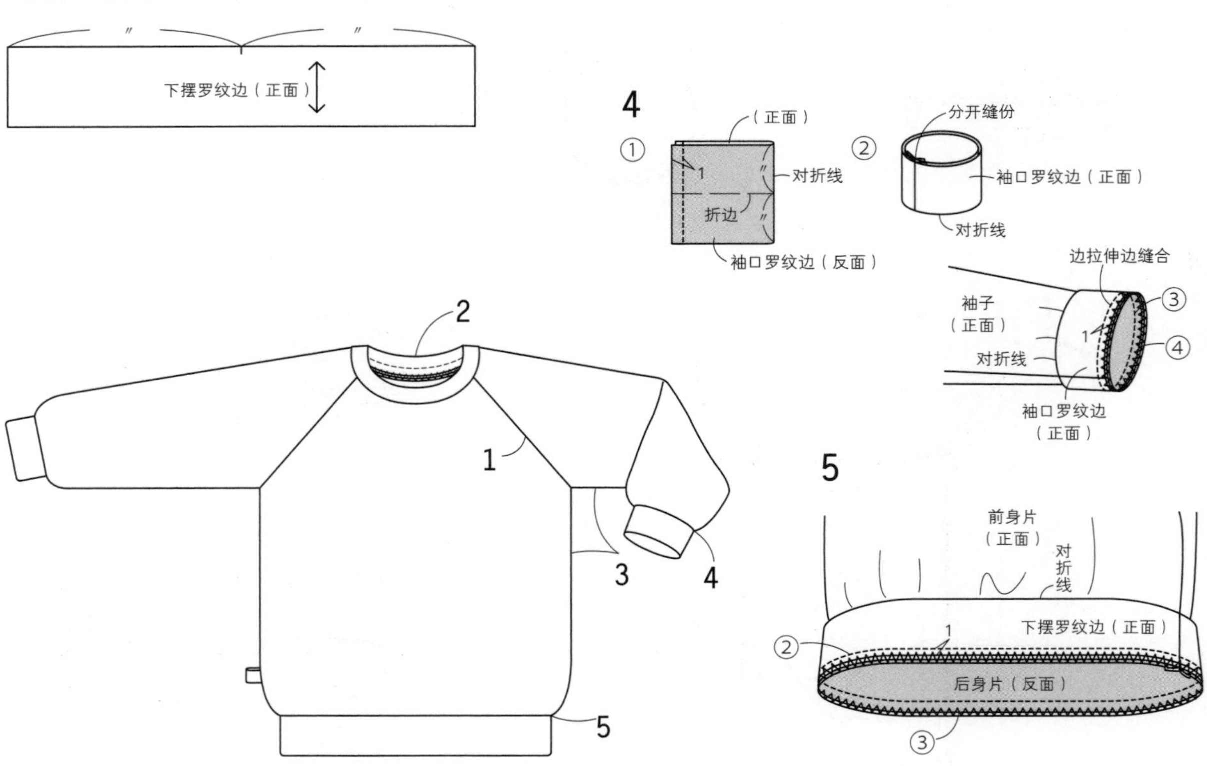

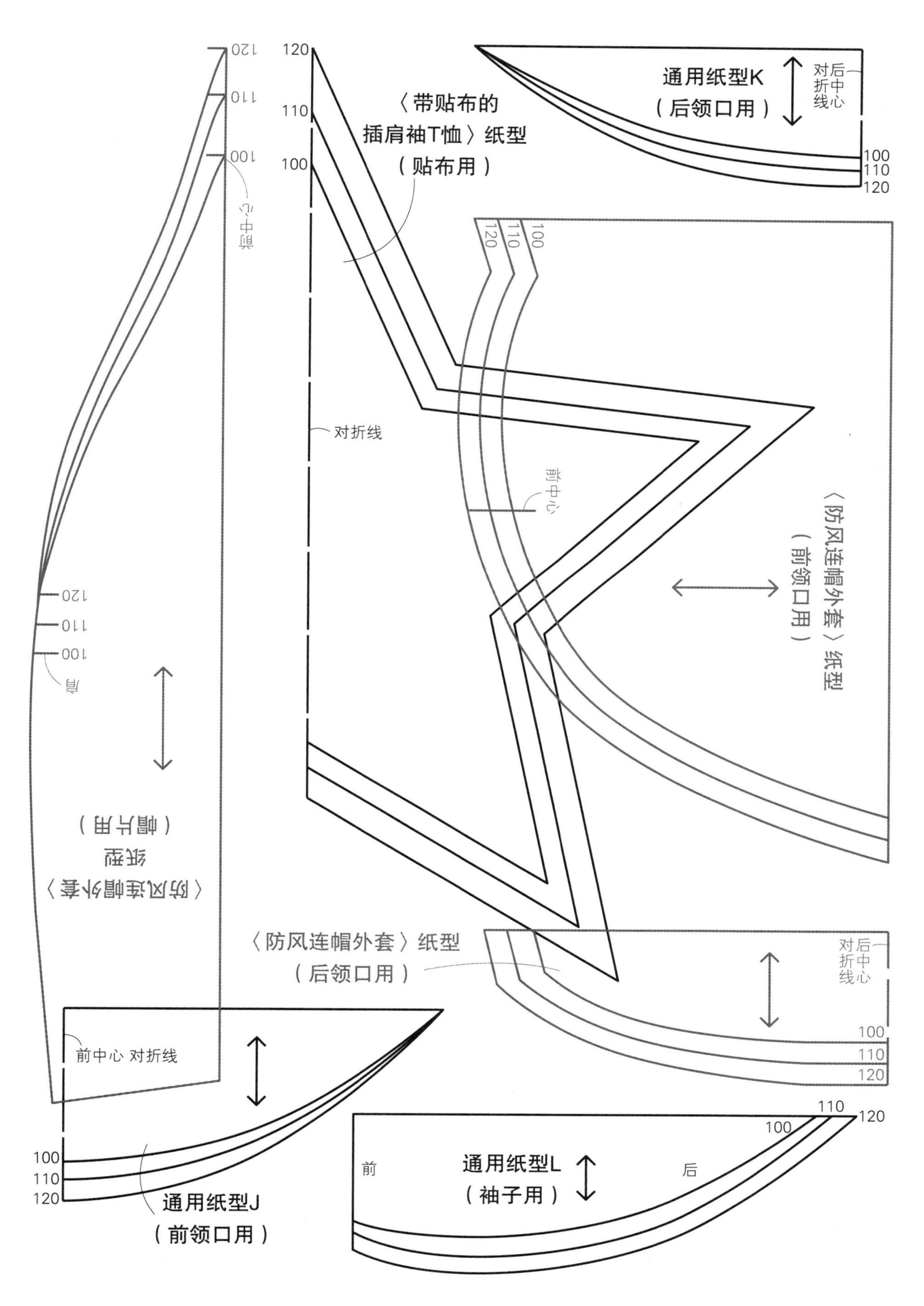

〈带贴布的
插肩袖T恤〉纸型
（贴布用）
120
110
100
对折线
通用纸型K
（后领口用）
对后折中线心
100
110
120
〈防风连帽外套〉纸型
（前领口用）
前中心
〈防风连帽外套〉纸型
（帽片用）
〈防风连帽外套〉纸型
（后领口用）
对后折中线心
前中心 对折线
通用纸型J
（前领口用）
通用纸型L
（袖子用）
前
后

p.29
毛领披肩

●**材料**

<披肩>

使用布（顶级法兰绒毛布） 148cm×50cm

镶边布带（四折式） 1cm×100cm

圆松紧绳 8cm

纽扣 直径2.5cm 1颗、直径1.1cm 3颗

<毛围巾>

表布（人造皮毛） 8cm宽 100/44cm、110/46cm、120/48cm

里布（印花棉布）8cm宽 100/44cm、110/46cm、120/48cm

天鹅绒缎带 1cm×33cm 2根

圆松紧绳 4cm 3根

●**制作方法** ※单位：cm。

1 ①口袋四周做Z字形锁边缝。
②上边2cm向反面折并缝合。
③左右两侧及下边依次向反面折。
④口袋分别缝于身片的正面。口袋口处回缝几针，用于加固。

2 ①身片上下两边做Z字形锁边缝。
②镶边布带分别夹住下摆一端缝合。

3 ①身片的下摆分别正面相对折叠，缝合两端。剪掉边角，翻到正面。
②缝合镶边布带边缘。
③上下两边分别向反面折，圆松紧绳对折夹入上边缝合。
④挑起圆松紧绳，缝合。

4 纽扣分别缝于身片正面的纽扣位置。

<毛围巾>

5 ①圆松紧绳对折于里布正面的上边，3处缝合固定。
②天鹅绒缎带分别在里布正面的左右两侧缝合。天鹅绒缎带一侧打结。

6 ①里布和表布正面相对对齐，留下返口，缝合四周。
②从返口翻到正面，缝合返口。

〈裁剪图〉<披肩>

※单位：cm。
※数字为身高100/110/120cm。

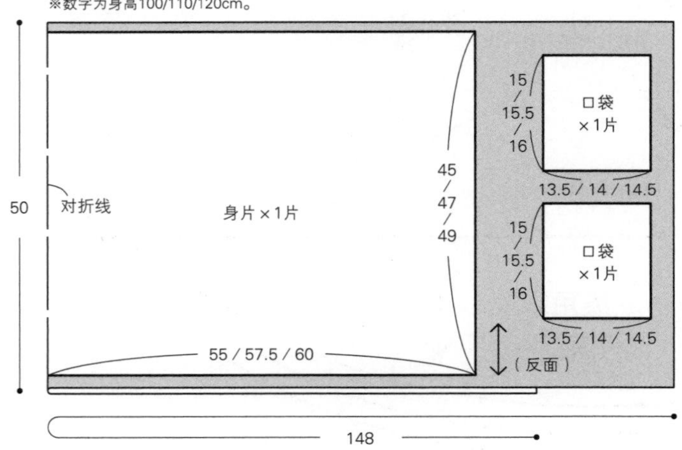

〈提示〉<披肩>

※单位：cm。
※数字为身高100/110/120cm。

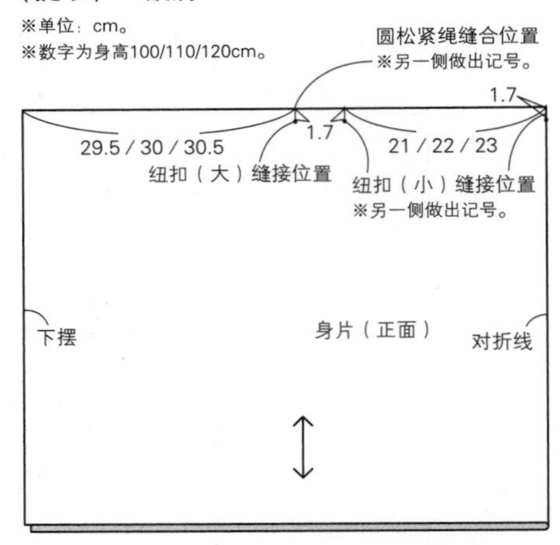

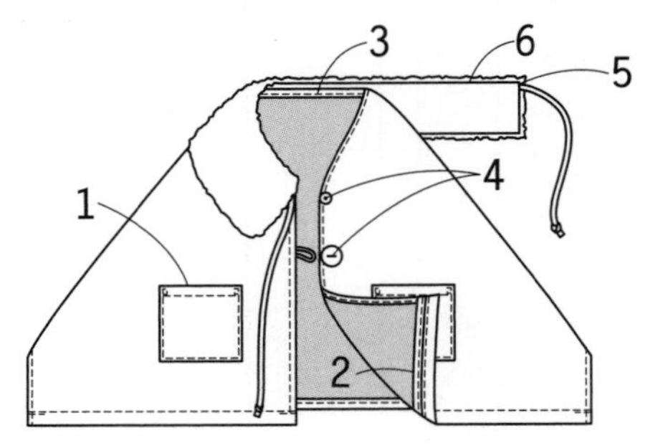

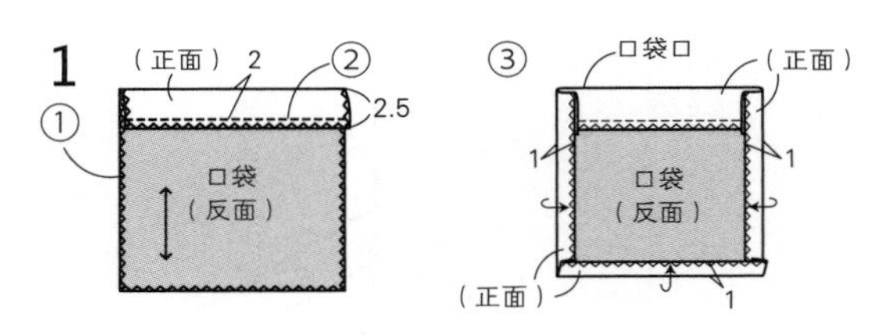

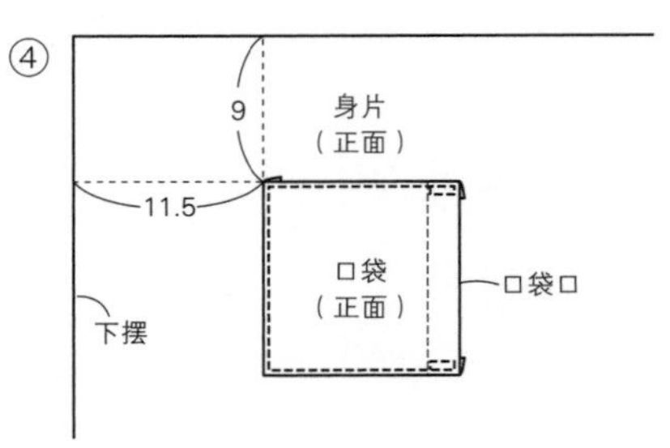

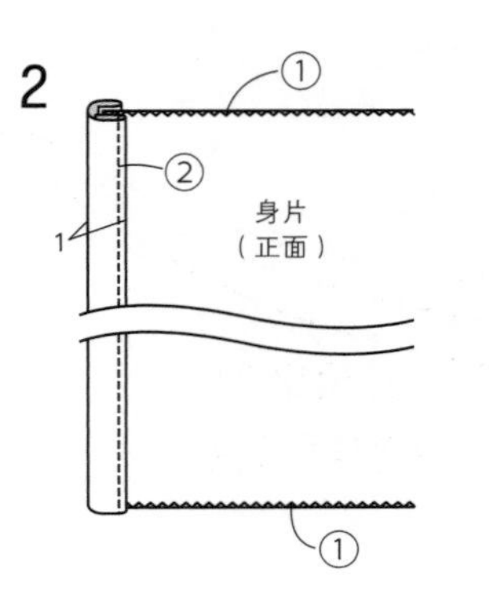

3

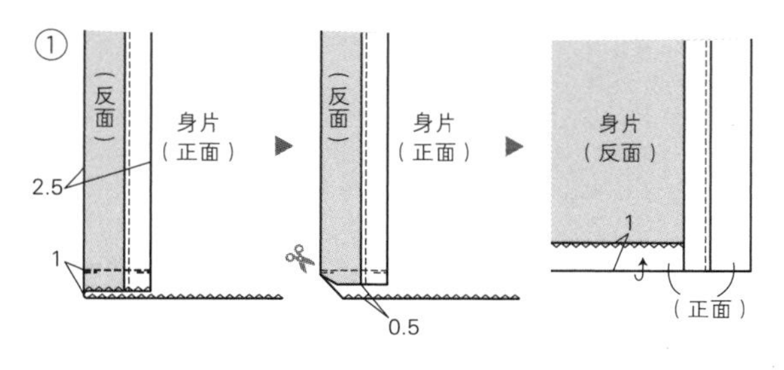

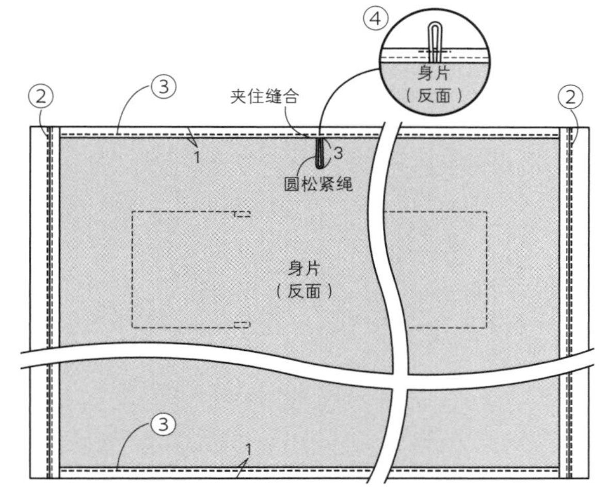

5

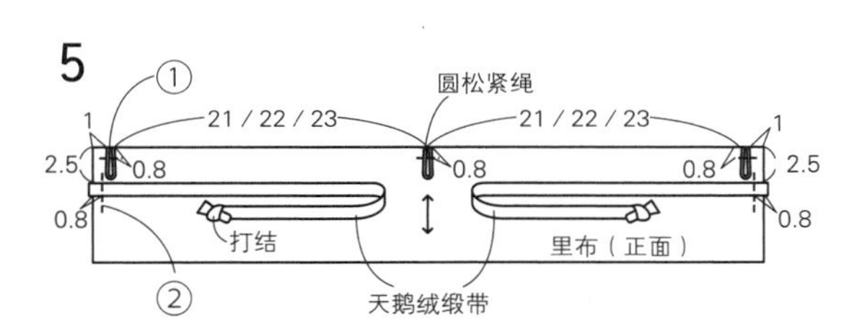

6

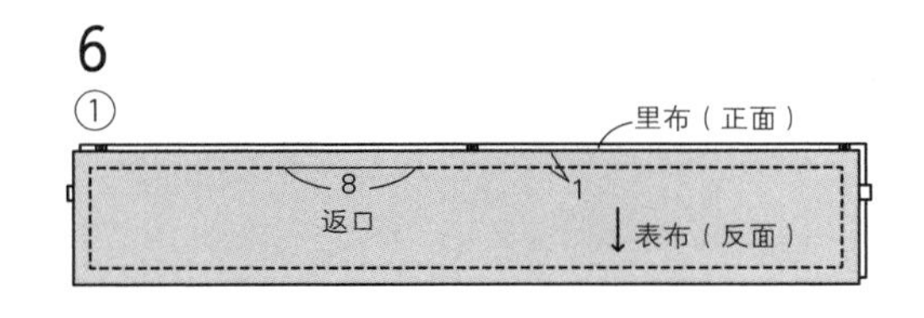

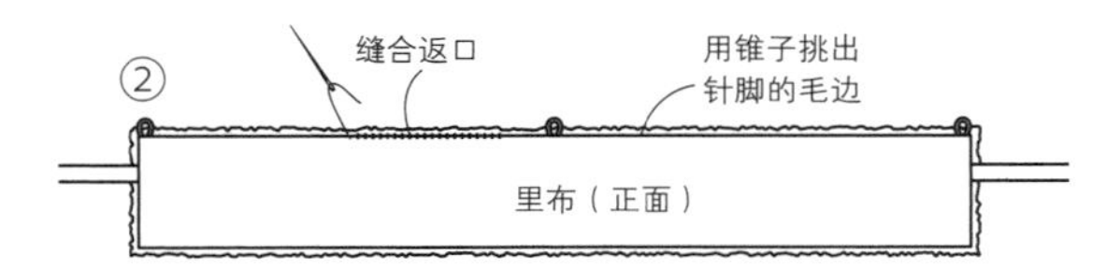

p. 30

摇粒绒背心

●材料

表布（摇粒绒） 150cm宽 100、110/50cm

120/60cm

里布（棉布） 70cm×20cm

黏合衬 70cm×15cm

纽扣 直径2.2cm 1颗

弹力绳（纽襻用） 0.5cm×7cm

●制作方法 ※单位：cm。

1 ①斜裁布上下两边向反面折，用熨斗熨平。
 ②展开一侧的折边，口袋的正面相对对齐缝合。
 ③重新折叠斜裁布，并将其翻到口袋反面用卷针缝缝上。
 ④裁掉斜裁布多余部分。
 ⑤口袋四周按照上边、左右两侧、下边的顺序向反面折。
 ⑥缝于前身片的口袋位置。
2 ①前贴边和后贴边正面相对对齐，缝合肩部。
 ②裁掉缝份的多余部分，四周做Z字形锁边缝。
 ③开口贴边的四周做Z字形锁边缝。
 ④开口贴边置于2片前贴边之间缝合。
3 ①前身片和后身片的肩部做Z字形锁边缝。
 ②前身片和后身片正面相对对齐，缝合肩部。
4 ①身片的正面与贴边正面相对对齐，缝合a~b，在b处落针固定。
 ②前开衩剪牙口，用弹力绳制作成纽襻，用珠针固定于前身片正面。
 ③缝合b~a。
 ④前开衩和领口的缝份剪牙口。
 ⑤贴边向身片反面折，缝合领口和前开衩。
5 缝合侧缝（参照p.65的步骤6）。
6 缝合袖窿口（参照p.65的步骤7）。
7 ①下摆做Z字形锁边缝。
 ②向反面折并缝合。
8 纽扣缝于前开衩。

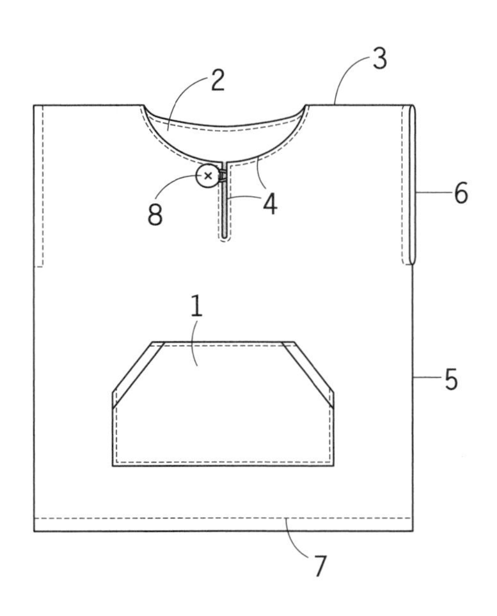

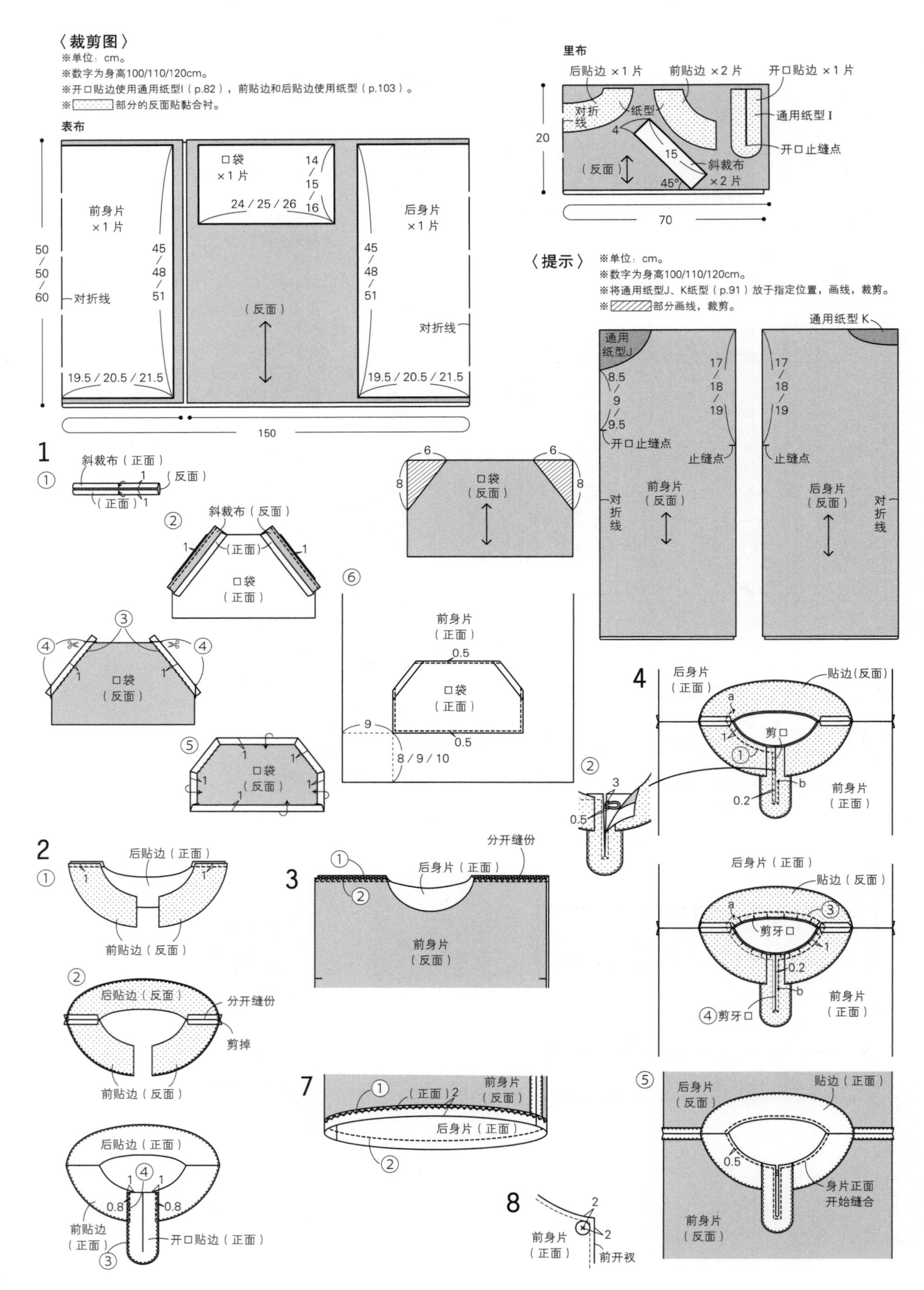
〈裁剪图〉
※单位：cm。
※数字为身高100/110/120cm。
※开口贴边使用通用纸型I（p.82），前贴边和后贴边使用纸型（p.103）。
※部分的反面贴黏合衬。
表布
口袋 ×1片
14/15/16
24/25/26
前身片 ×1片
后身片 ×1片
45/48/51
50/50/60
对折线
（反面）
19.5/20.5/21.5
150
里布
后贴边 ×1片
前贴边 ×2片
开口贴边 ×1片
对折线
纸型
通用纸型I
开口止缝点
20
4
15
（反面）
斜裁布 ×2片
45°
70
〈提示〉
※单位：cm。
※数字为身高100/110/120cm。
※将通用纸型J、K纸型（p.91）放于指定位置，画线，裁剪。
※部分画线，裁剪。
通用纸型K
通用纸型J
8.5/9/9.5
17/18/19
开口止缝点
止缝点
前身片（反面）
后身片（反面）
对折线
1
①
斜裁布（正面）
（反面）
（正面）
②
斜裁布（反面）
口袋（正面）
③
④
口袋（反面）
⑤
6
8
⑥
前身片（正面）
0.5
口袋（正面）
9
8/9/10
2
后贴边（正面）
前贴边（反面）
后贴边（反面）
分开缝份
剪掉
0.8
开口贴边（正面）
前贴边（正面）
3
后身片（正面）
前身片（反面）
4
后身片（正面）
贴边(反面)
a
剪口
b
0.2
前身片（正面）
0.5
贴边（反面）
剪牙口
贴边（正面）
后身片（反面）
身片正面开始缝合
前身片（反面）
7
（正面）2
前身片（反面）
后身片（正面）
8
前身片（正面）
前开衩

p.31

小碎花衬衣

●材料

使用布（平纹棉布） 110cm×100cm
黏合衬 10cm×40cm
纽扣（亚麻包扣双孔） 直径1.2cm 4颗
松紧带 0.6cm×25cm 2条

●制作方法 ※单位：cm。

1 ①领子的下边和左右两侧折两次并缝合。
  ②上边用2根线大针脚机缝，用于抽褶。
2 缝合肩部（参照p.40的步骤2）。
3 领子抽褶，缝于身片的领口（参照p.46的步骤4）。
4 袖子缝于前、后身片（参照p.40的步骤5）。
5 ①袖子分别正面相对对齐，留下松紧带穿口，缝合袖下至袖窿止缝点。
  ②缝合侧缝至袖窿止缝点（参照p.40的步骤6-②）。
6 ①袖口向反面折，用2根线缝合。
  ②从松紧带穿口穿入松紧带，缝合各松紧带两端（参照p.50的步骤7）。
7 缝合贴边（参照p.46的步骤9）。
8 下摆向反面折两次并缝合（参照p.46的步骤10）。
9 右前门襟制作扣眼，纽扣缝于左前门襟（参照p.46的步骤11。但是，扣眼和纽扣的位置可以左右互换）。

〈裁剪图〉

※单位cm。
※数字为身高100/110/120cm。

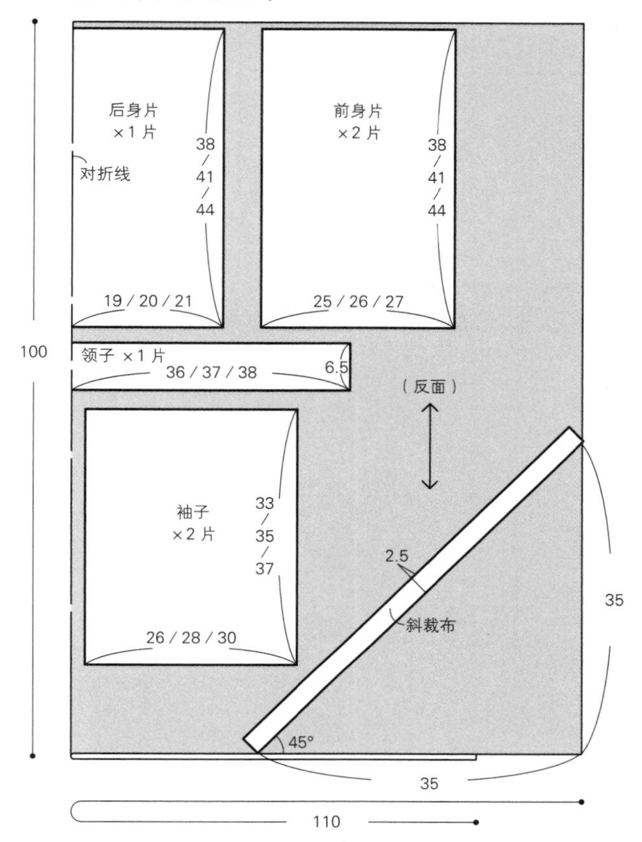

〈提示〉 ※单位：cm。
※数字为身高100/110/120cm。
※将通用纸型D（p.58）放于指定位置，画线，裁剪。
※▨部分画线，裁剪。
※▒部分的反面贴黏合衬。

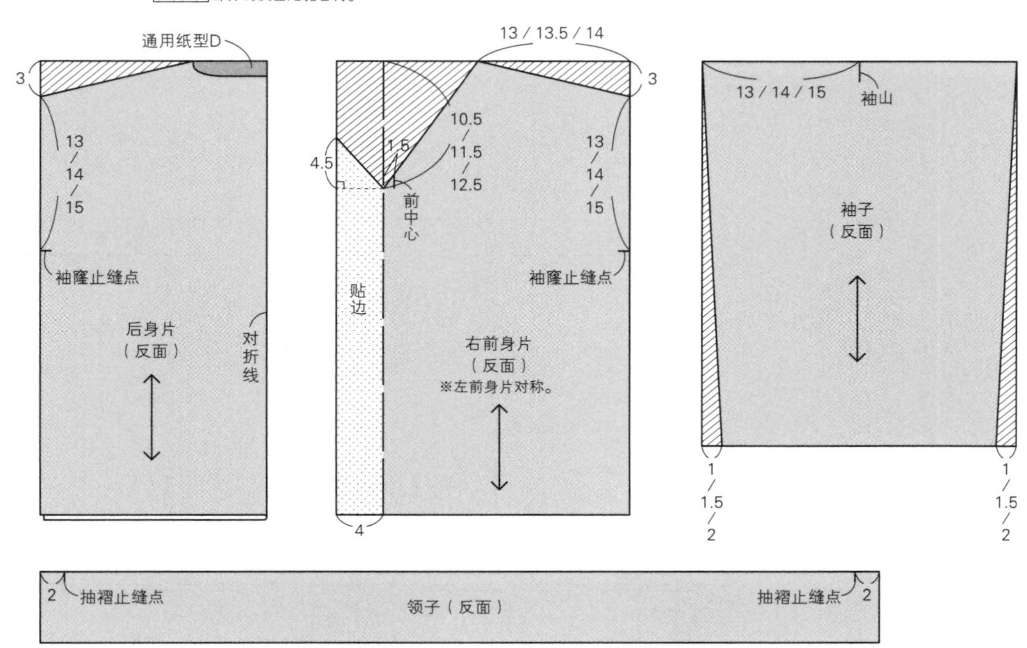

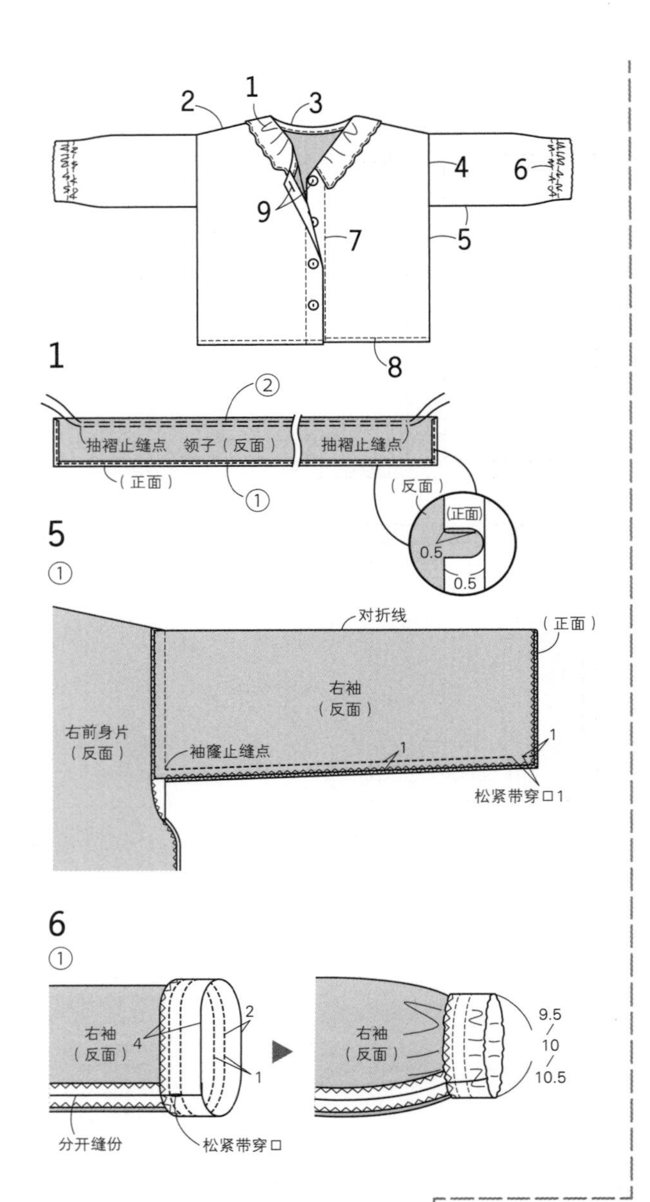

p. 31
纡缝保暖短裙

●材料

使用布（纡缝针织布） 165cm × 50cm
斜裁布带（对折式） 2.5cm × 120cm
松紧带 2cm × 70cm

●制作方法 ※单位：cm。

1 ①口袋四周做Z字形锁边缝。
②上边向反面折并缝合。
③左右两侧及下边依次向反面折。
④口袋缝于前裙片的正面。口袋口处回缝几针，用于加固。

2 ①前、后裙片的左右两侧分别做Z字形锁边缝。
②前、后裙片正面相对对齐，缝合两侧缝。

3 ①展开斜裁布带一侧的折边。与前、后裙片的上边正面相对对齐，整圈缝合。缝合起点和缝合终点的布边向反面折。
②重新折叠斜裁布带，前、后裙片向反面折并缝合。

4 ①前、后裙片的下摆做Z字形锁边缝。
②向反面折并缝合。

5 在裙腰处穿入松紧带（参照p.50的步骤7）。

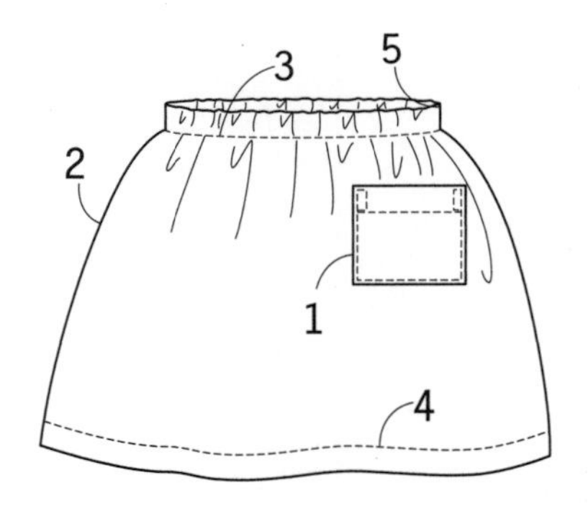

〈裁剪图〉

※单位：cm。
※数字为身高100/110/120cm。

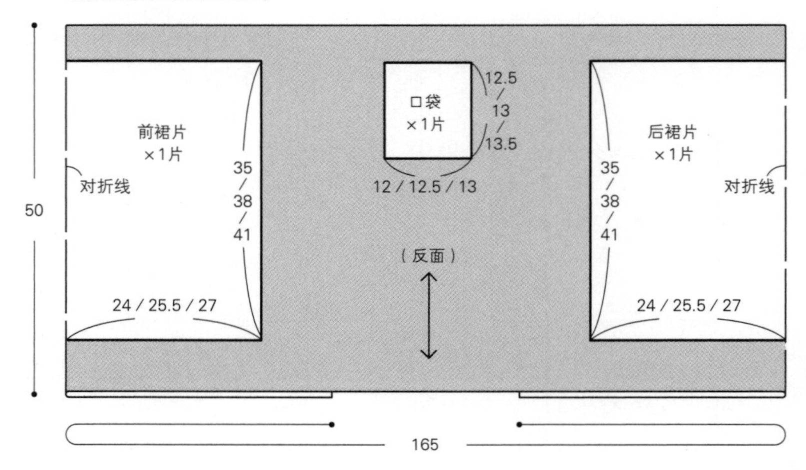

〈提示〉

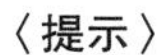

※单位：cm。
※数字为身高100/110/120cm。
※▨部分画线，裁剪。

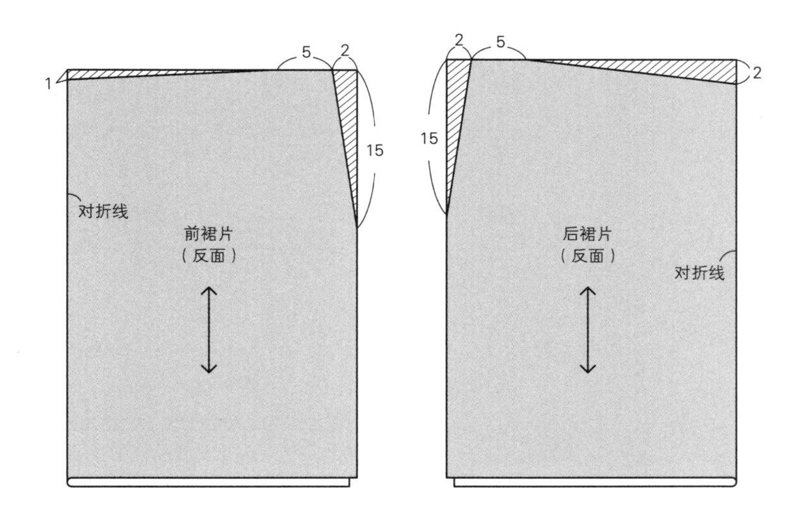

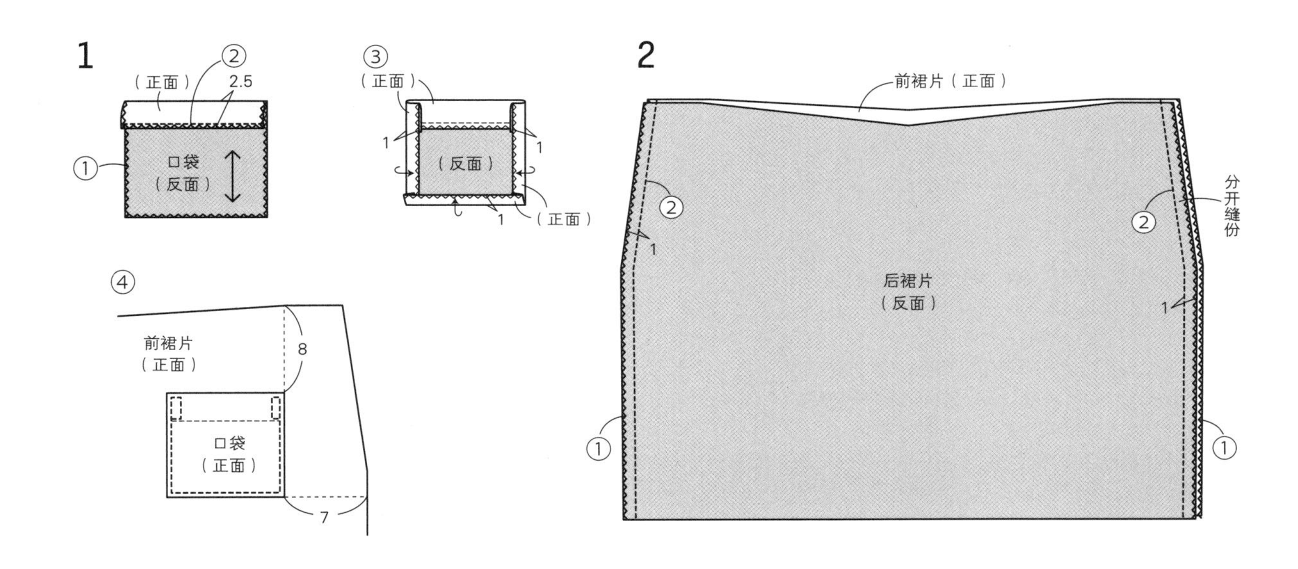

3

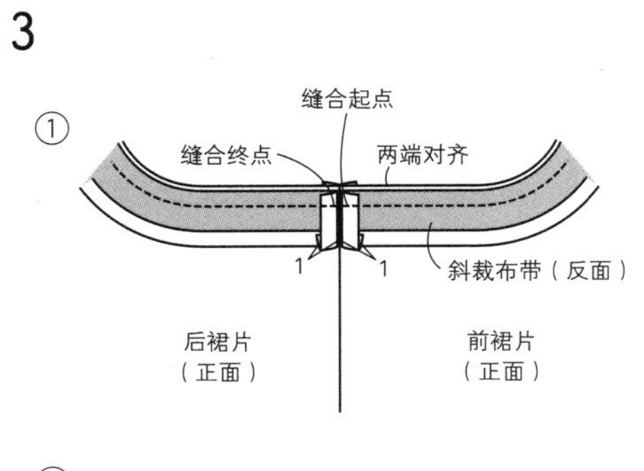

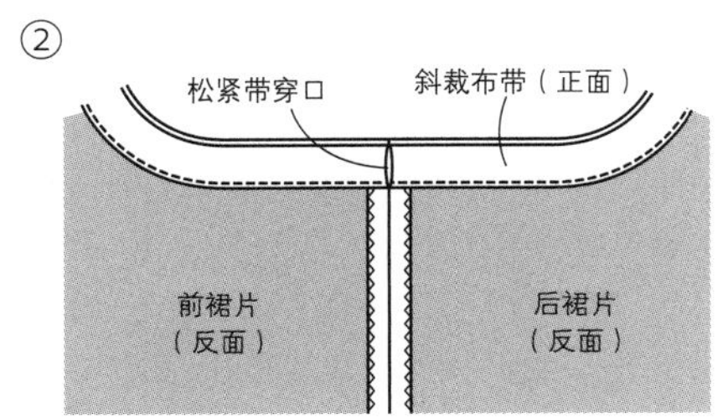

4

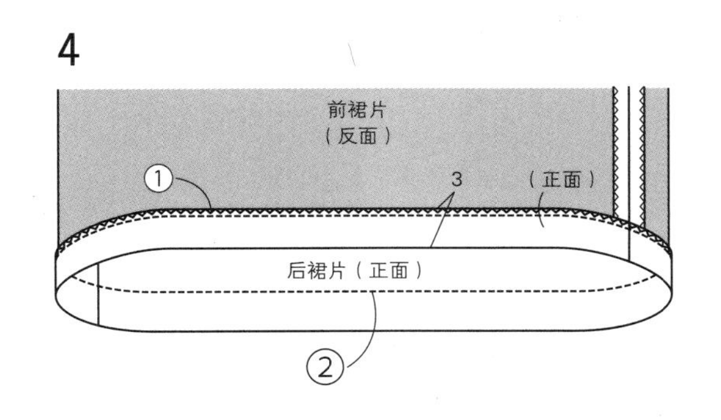

p.33

前系扣公主裙

●材料

使用布（顶级法兰绒） 148cm×110cm
黏合衬 35cm×30cm
纽扣 直径1.5cm 3颗
天鹅绒缎带 宽2.5cm 裙腰用：100/79cm、110/83cm、120/87cm，蝴蝶结用：27cm

●制作方法 ※单位：cm。

1 缝合肩部至袖上（参照p.38的步骤1）。
2 制作贴边，同前、后身片的领口缝合（参照p.38的步骤2-①~⑤、⑧）。
3 ①左、右前身片的贴边向反面折并缝合。
②缝合前、后身片的领口。
③袖口做Z字形锁边缝。
④右前身片开扣眼，纽扣缝于左前身片。
4 缝合袖下至侧缝（参照p.38的步骤3）。
5 ①袖口向反面折并缝合。
②重合左、右身片的前中心，缝合下边。
6 ①前裙片和后裙片正面相对对齐，缝合侧缝。
②2片缝份一起做Z字形锁边缝。
7 ①前、后身片和前、后裙片正面相对对齐。
②2片缝份一起做Z字形锁边缝。缝份压向裙片侧。
8 ①前、后裙片的下摆做Z字形锁边缝。
②前、后裙片的下摆向反面折并缝合。
9 ①腰带用天鹅绒缎带缝于裙腰部分（参照p.40的步骤10）。
②蝴蝶结裁剪为21cm和6cm。21cm缎带两端重叠，缝合。6cm缎带两端向反面折，缝合于21cm的缎带上。
③缝于裙腰用缎带的前中心位置。

〈裁剪图〉

※单位：cm。
※数字为身高100/110/120cm。
※前贴边使用纸型（p.103），后贴边使用通用纸型B（p.57）。
※ 部分的反面贴黏合衬。

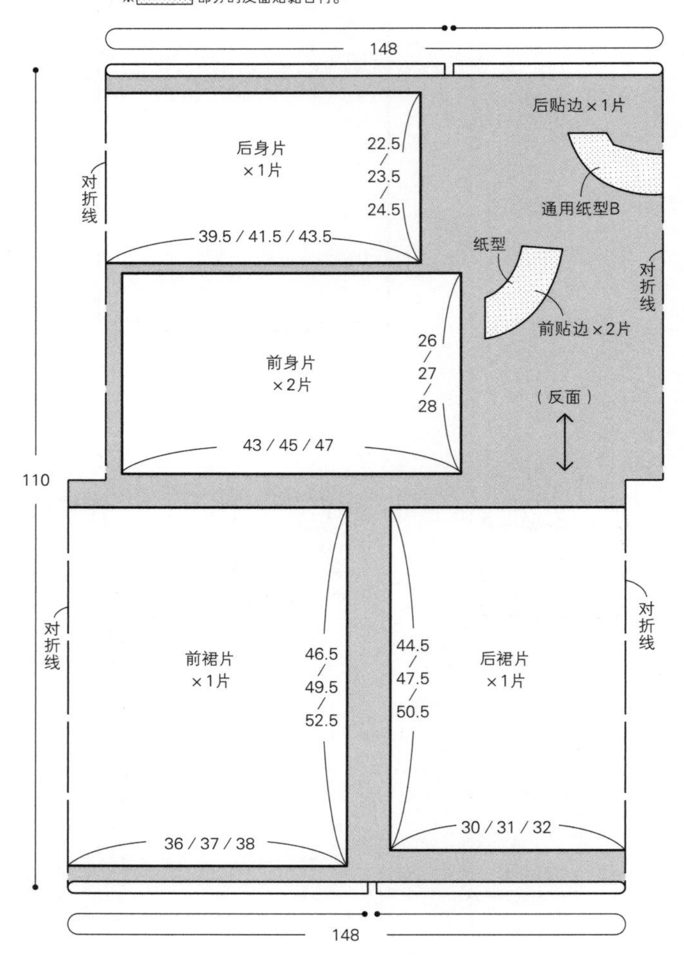

〈提示〉 ※单位：cm。
※数字为身高100/110/120cm。
※将通用纸型A（p.57）及O（p.103）放于指定位置，画线，裁剪。
※将前侧缝用和后侧缝用的纸型（p.103）放于指定位置，画线。
※ 部分画线，裁剪。
※ 部分的反面贴黏合衬。

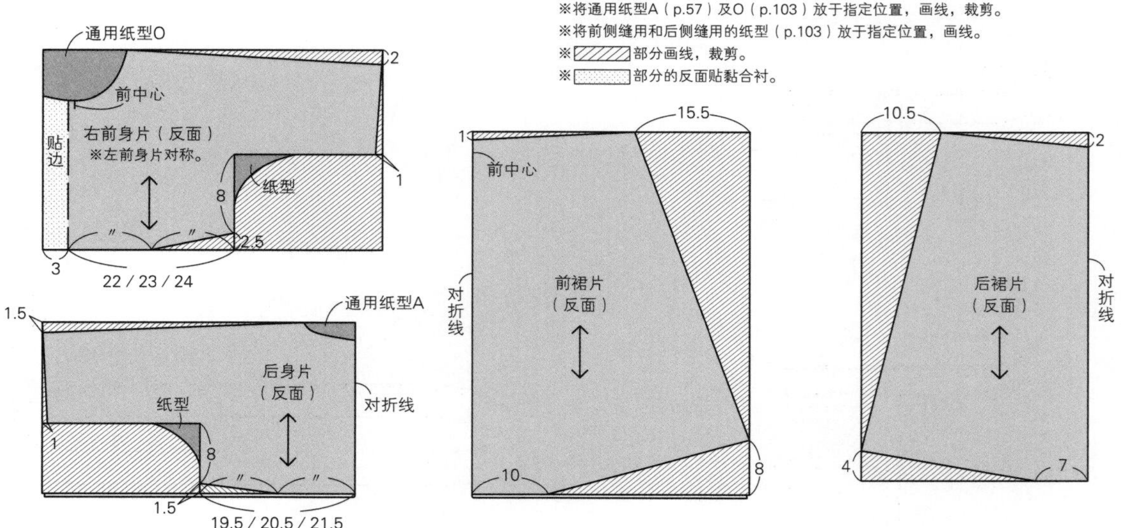

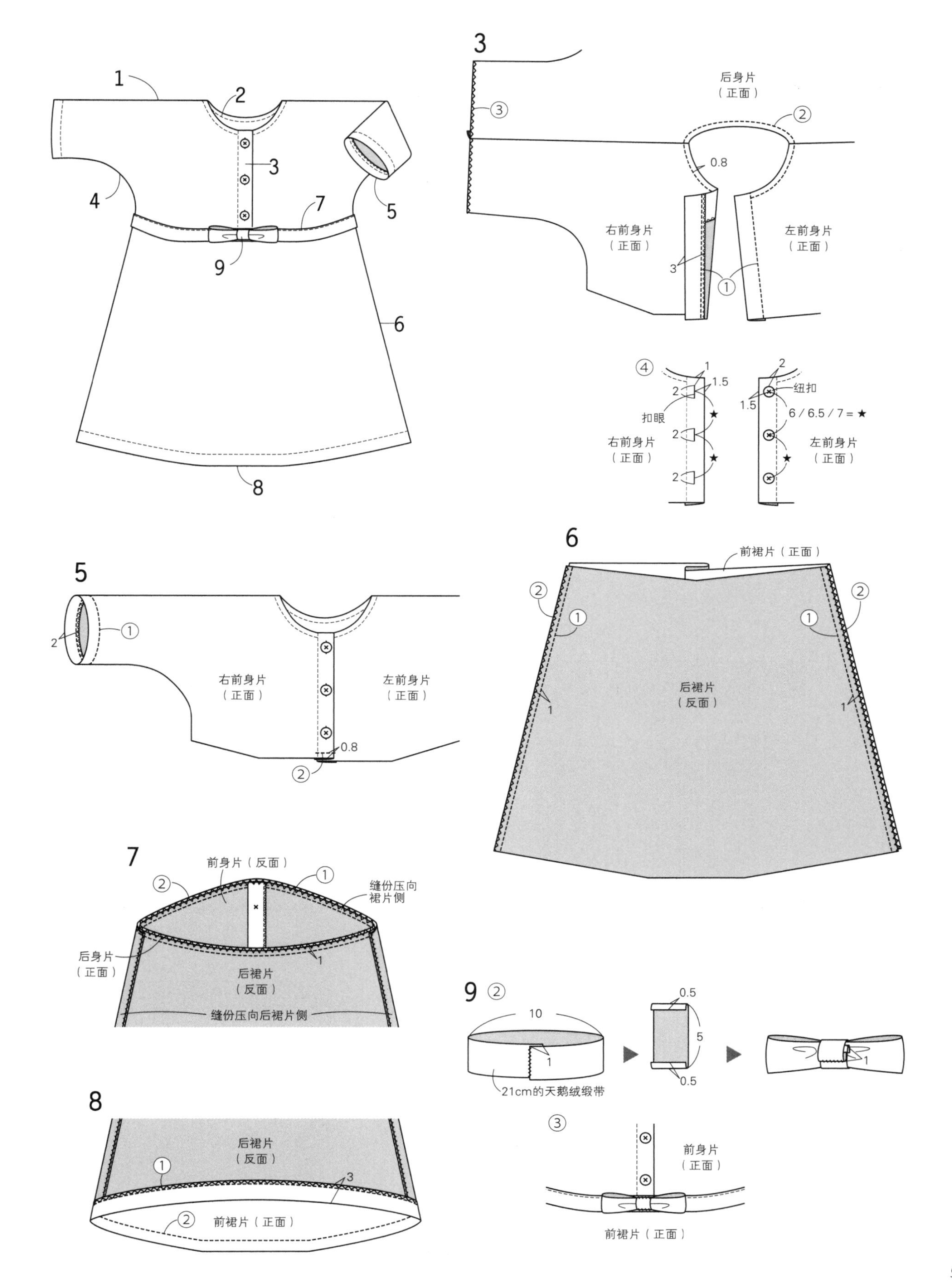

1
2
3
4
5
6
7
8
9
3
后身片
（正面）
③
②
0.8
右前身片
（正面）
左前身片
（正面）
3
①
④
1
1.5
2
扣眼
右前身片
（正面）
2
2
2
1.5
纽扣
6 / 6.5 / 7 = ★
左前身片
（正面）
5
2
①
右前身片
（正面）
左前身片
（正面）
0.8
②
6
前裙片（正面）
②
①
②
①
后裙片
（反面）
1
1
7
前身片（反面）
②
①
缝份压向
裙片侧
后身片
（正面）
1
后裙片
（反面）
缝份压向后裙片侧
8
后裙片
（反面）
①
3
②
前裙片（正面）
9 ②
10
1
21cm的天鹅绒缎带
0.5
5
0.5
1
③
前身片
（正面）
前裙片（正面）

p. 32

基础款开衫

●材料

使用布（厚针织布） 180cm宽 100、110/100cm，120/110cm

黏合衬 10cm×50cm

纽扣 直径1.3cm 5颗

●制作方法 ※单位cm。

1 缝合肩部至袖上（参照p.38的步骤1）。

2 ①领口贴边的一端做Z字形锁边缝。

②左、右前身片的贴边部分向反面折。

③领口贴边与前、后身片正面相对对齐，缝合。

④曲线部分剪牙口，裁掉前端的边角。

⑤领口贴边和贴边折至前、后身片的反面，调整形状。

3 缝合袖下至侧缝（参照p.38的步骤3）。

4 ①袖口做Z字形锁边缝。

②袖口向反面折并缝合。

5 ①前、后身片的下摆做Z字形锁边缝。

②左、右前身片的贴边部分再次向反面折，缝合边缘（参照p.38的步骤2-⑥、⑦）。翻到正面。

③前、后身片的下摆向反面折，连续缝合下摆、前端及领口。

6 纽扣缝于右前身片，左前身片开扣眼。

〈裁剪图〉

※单位：cm。

※数字为身高100/110/120cm。

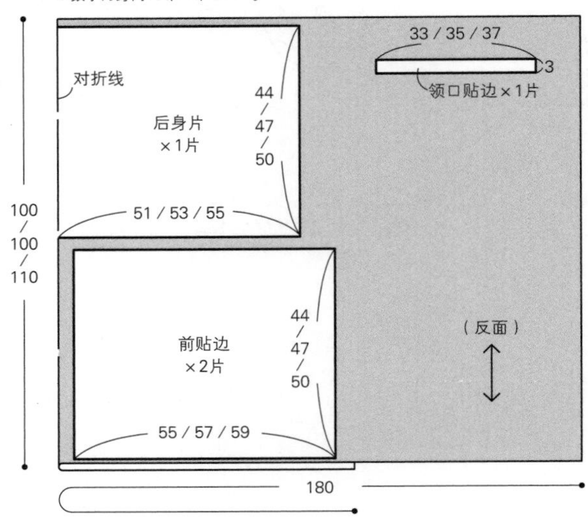

〈提示〉

※单位：cm。

※数字为身高100/110/120cm。

※将通用纸型A（p.57）及通用纸型O（p.103）放于指定位置，画线，裁剪。

※将通用纸型C（p.57）放于指定位置，画线。

※▨部分画线，裁剪。

※▒部分的反面贴黏合衬。

通用纸型O
前中心
右前身片（反面）
※左前身片对称。
贴边
通用纸型C
4
10.5 / 11.5 / 12.5
1.5
28 / 30 / 32
3
19 / 20 / 21

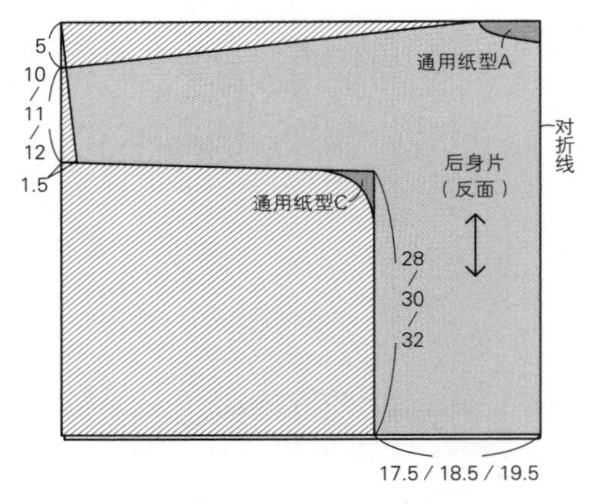

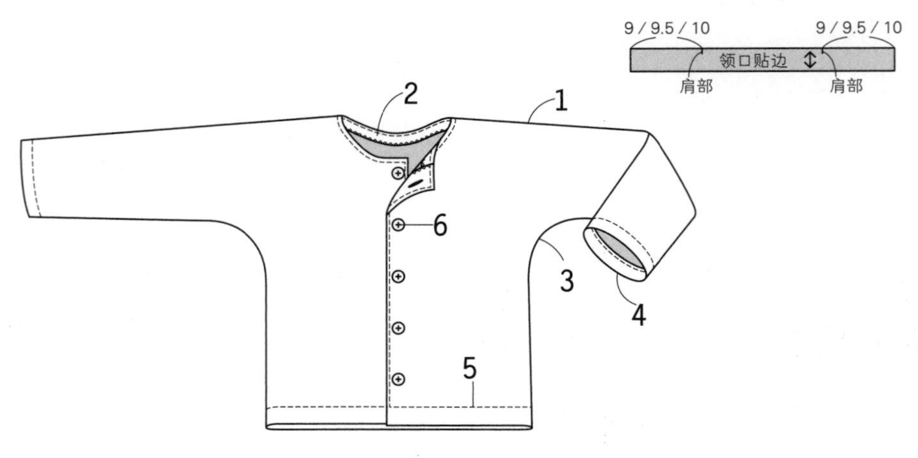

2 ①

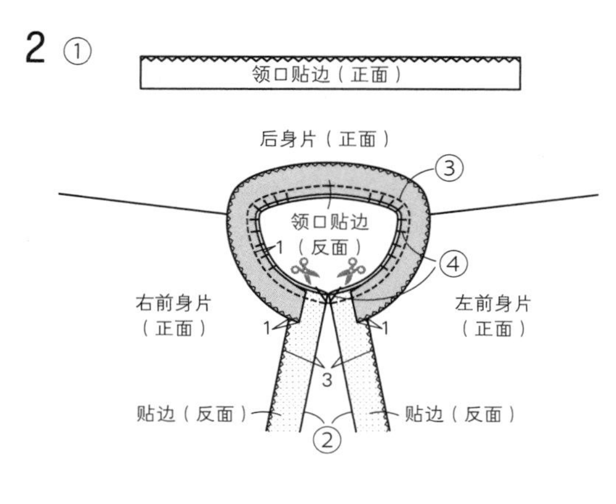

4

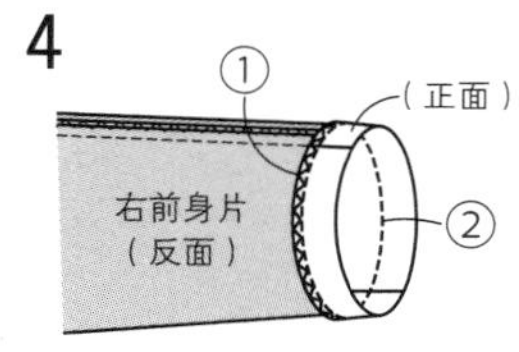

5 ①

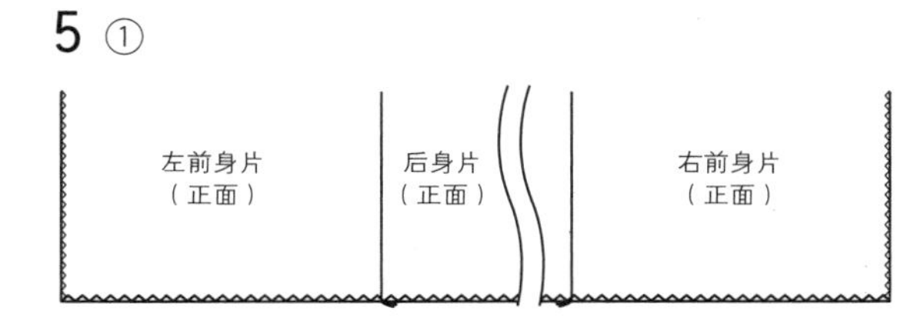

③

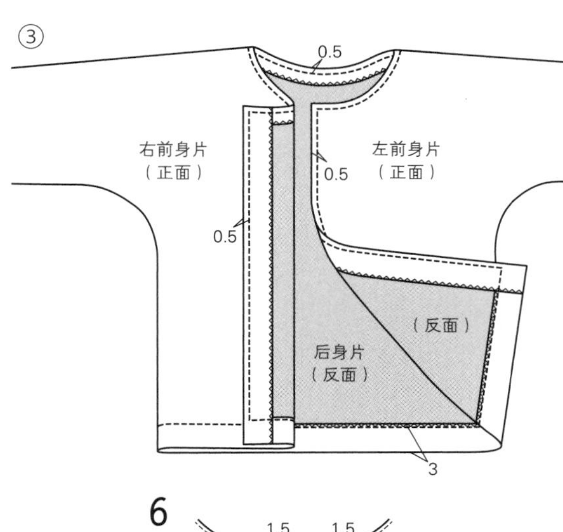

6

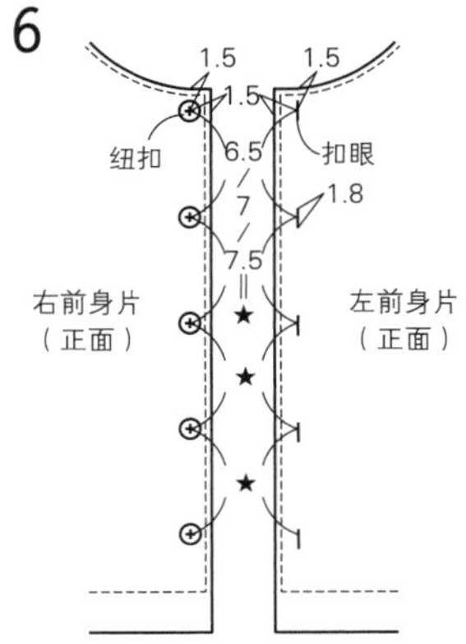

p.32

灯芯绒裤

●材料

使用布（灯芯绒布） 110cm宽
100、110/90cm，120/100cm
斜裁布带（对折式） 1.2cm宽 100/65cm、
110/69cm、120/72cm
缎带 1.8cm×6cm
松紧带 2cm×70cm

●制作方法 ※单位cm。

1 后口袋分别逐片缝于左、右后裤片的正面（参照p.50的步骤1）。
2 ①右前口袋的口袋口部分做Z字形锁边缝。
②向反面折并缝合。
③左侧及下边依次向反面折，用熨斗熨烫。
④放于右前裤片的正面缝合。
⑤疏缝上边和侧缝。
⑥左前口袋和左前裤片按照步骤①~④制作。
⑦疏缝上边和侧缝。此时，缎带对折，一起缝合于侧缝。
3 右前裤片和右后裤片正面相对对齐，缝合侧缝和下裆（参照p.50的步骤3）。
4 右裤片和左裤片正面相对对齐，缝合裆部（参照p.50的步骤4）。
5 ①用斜裁布带夹在裤腰下边缝合。
②裤腰反面相对，长边对长边对折，用熨斗熨出折痕。展开，正面相对对齐，留下松紧带穿口，缝合侧缝。分开缝份。
③裤片和裤腰正面相对对齐，缝合裤腰（参照p.50的步骤5-②）。
④向反面沿折边折叠裤腰，缝合。
6 ①裤脚四周做Z字形锁边缝。
②向反面折并缝合。
7 裤腰处穿入松紧带（参照p.50的步骤7）。

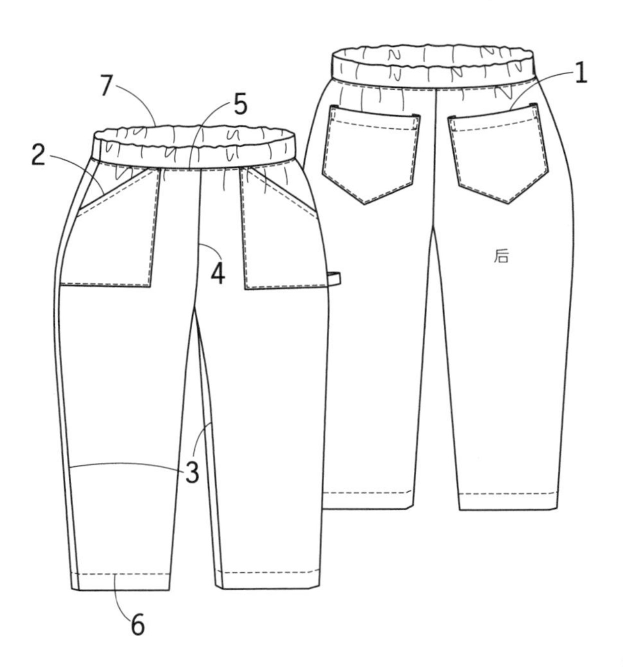

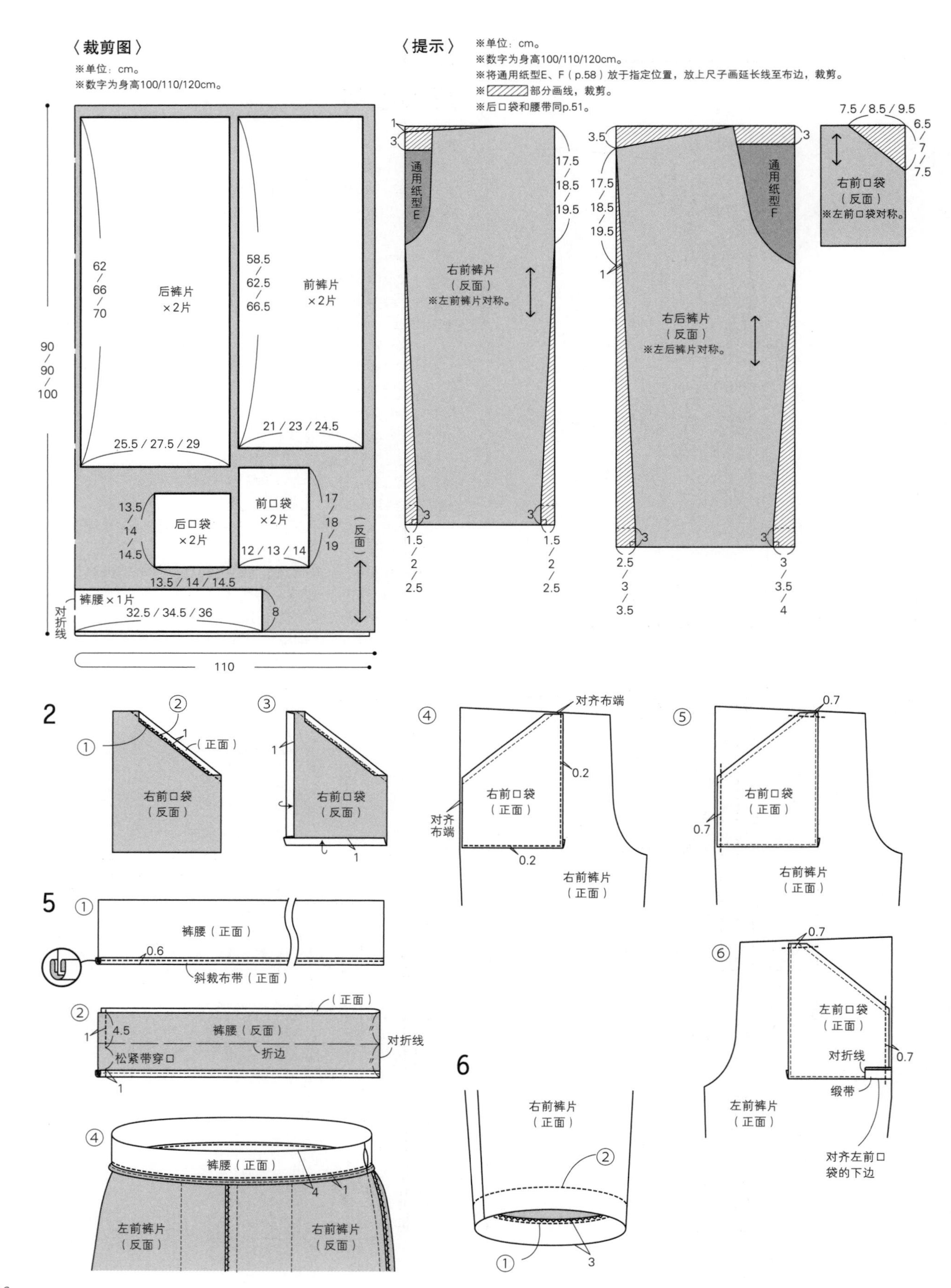
〈裁剪图〉
※单位：cm。
※数字为身高100/110/120cm。
后裤片
×2片
62/66/70
25.5/27.5/29
前裤片
×2片
58.5/62.5/66.5
21/23/24.5
90/90/100
后口袋
×2片
13.5/14/14.5
前口袋
×2片
17/18/19
12/13/14
（反面）
裤腰×1片
32.5/34.5/36
8
对折线
110
〈提示〉
※单位：cm。
※数字为身高100/110/120cm。
※将通用纸型E、F（p.58）放于指定位置，放上尺子画延长线至布边，裁剪。
※ 部分画线，裁剪。
※后口袋和腰带同p.51。
通用纸型E
右前裤片
（反面）
※左前裤片对称。
17.5/18.5/19.5
1.5/2/2.5
通用纸型F
右后裤片
（反面）
※左后裤片对称。
3.5
2.5/3/3.5
3/3.5/4
7.5/8.5/9.5
6.5/7/7.5
右前口袋
（反面）
※左前口袋对称。
2
（正面）
右前口袋
（反面）
对齐布端
0.2
对齐布端
右前口袋
（正面）
右前裤片
（正面）
0.7
5
裤腰（正面）
0.6
斜裁布带（正面）
裤腰（反面）
4.5
松紧带穿口
折边
对折线
左前裤片
（反面）
右前裤片
（反面）
6
左前口袋
（正面）
对折线
缎带
左前裤片
（正面）
对齐左前口袋的下边
右前裤片
（正面）

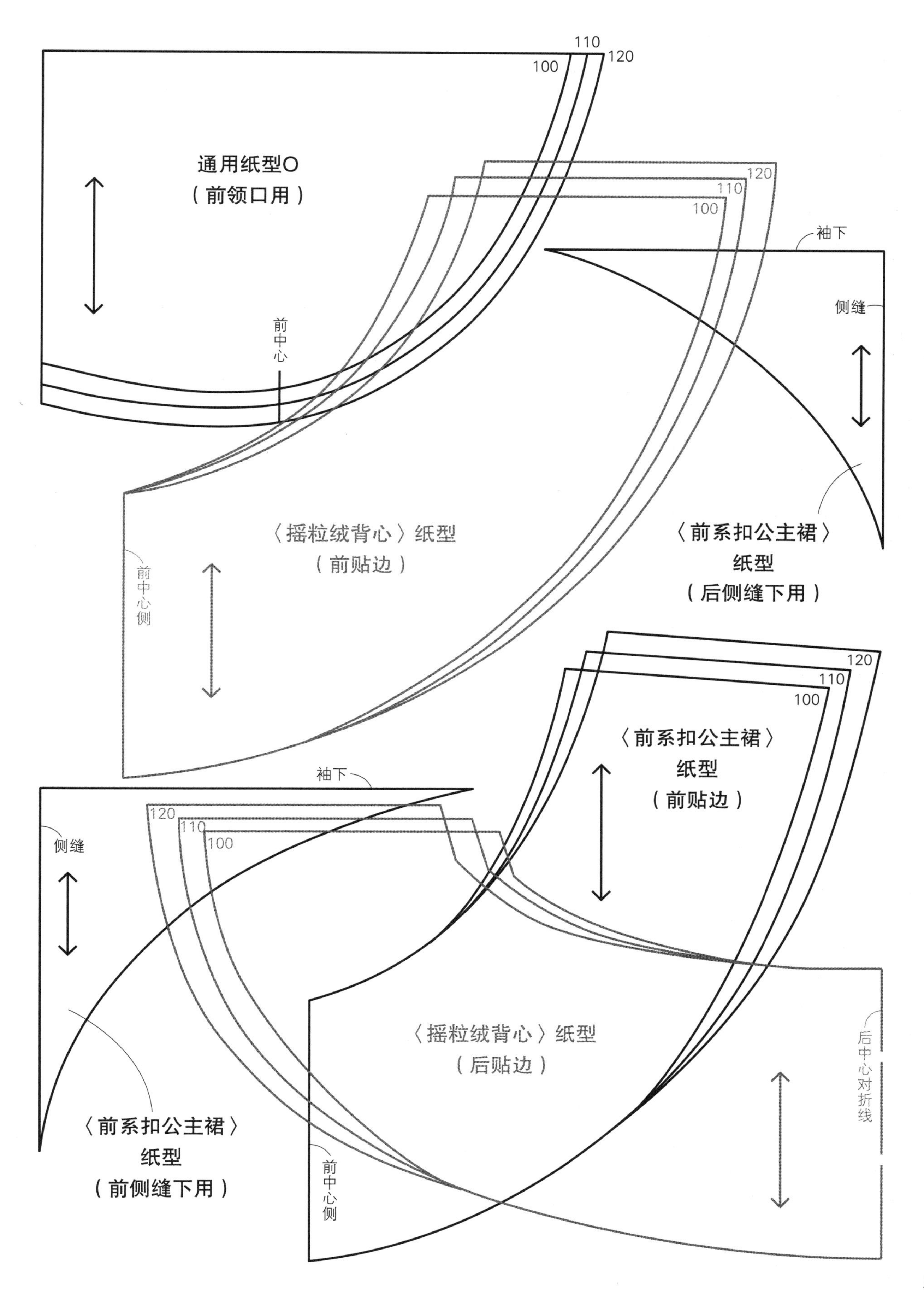
110
120
100
通用纸型O
（前领口用）
前
中
心
120
110
100
袖下
侧缝
〈摇粒绒背心〉纸型
（前贴边）
前
中
心
侧
〈前系扣公主裙〉
纸型
（后侧缝下用）
120
110
100
〈前系扣公主裙〉
纸型
（前贴边）
袖下
侧缝
120
110
100
〈摇粒绒背心〉纸型
（后贴边）
后
中
心
对
折
线
〈前系扣公主裙〉
纸型
（前侧缝下用）
前
中
心
侧

野木阳子 Yoko Nogi

桑泽设计研究所服装设计专业毕业后，
在纽约的 Maison Sapho School of Dressmaking and Design,Inc. 学习法国时装。
发表众多成人服装、儿童服装、胸花等作品。目前是三个孩子的妈妈。
带着自己的原创作品，传播缝纫的乐趣。
http://www.yokonogi.com

MASSUGUNUI NO KODOMOHUKU by Yoko Nogi

Original Japanese edition published by EDUCATIONAL FOUNDATION BUNKA GAKUEN
BUNKA PUBLISHING BUREAU
Publisher of Japanese edition: Sunao Onuma

This Simplified Chinese edition published by arrangement with EDUCATIONAL FOUNDATION BUNKA GAKUEN BUNKA PUBLISHING BUREAU, Tokyo, through HonnoKizuna, Inc., Tokyo, and Shinwon Agency Co.
Beijing Representative Office, Beijing

备案号：豫著许可备字-2015-A-00000047

Book–design: Aya Ishimatsu (ShimarisuDesigncenter)
Photography: Kaburaki Kimiko
Styling: Hiroe Kushio
Hair & makeup artist: KOMAKI
Model: Hatsuna Taylor, Ryuta Ochiai, Liana Kobayashi, Riku Liam, Rei Futaki,
Ayame Kawai
Sewing commentary: Junko Ebihara, Tsukasa Sekino
Digital trace: Noriko Hachimonji
Illustration: Rumi Nishigori
Proofreading: Masako Mukai
Support: Aiko Ishikawa
Editing: Junko Ebihara, Kaori Tanaka[BUNKA PUBLISHING BUREAU]

图书在版编目（CIP）数据

四季童装裁剪与缝纫 / (日) 野木阳子著；史海媛，韩慧英译. —郑州：河南科学技术出版社，2018.5
ISBN 978-7-5349-9198-1

Ⅰ. ①四… Ⅱ. ①野… ②史… ③韩… Ⅲ. ①童服-服装量裁 ②童服-服装缝制 Ⅳ. ①TS941.716

中国版本图书馆CIP数据核字（2018）第067224号

出版发行：河南科学技术出版社
地址：郑州市经五路66号　邮编：450002
电话：（0371）65737028　65788613
网址：www.hnstp.cn
策划编辑：刘　欣
责任编辑：刘　瑞
责任校对：王晓红
封面设计：张　伟
责任印制：张艳芳
印　　刷：北京盛通印刷股份有限公司
经　　销：全国新华书店
幅面尺寸：210 mm × 260 mm　印张：6.5　字数：200千字
版　　次：2018年5月第1版　2018年5月第1次印刷
定　　价：58.00元
